第三次全国农作物种质资源普查与收集行动

农作物优异种质资源与典型事例

——北京、天津、河北、安徽、西藏

• 高爱农　胡小荣　窦欣欣　主编 •

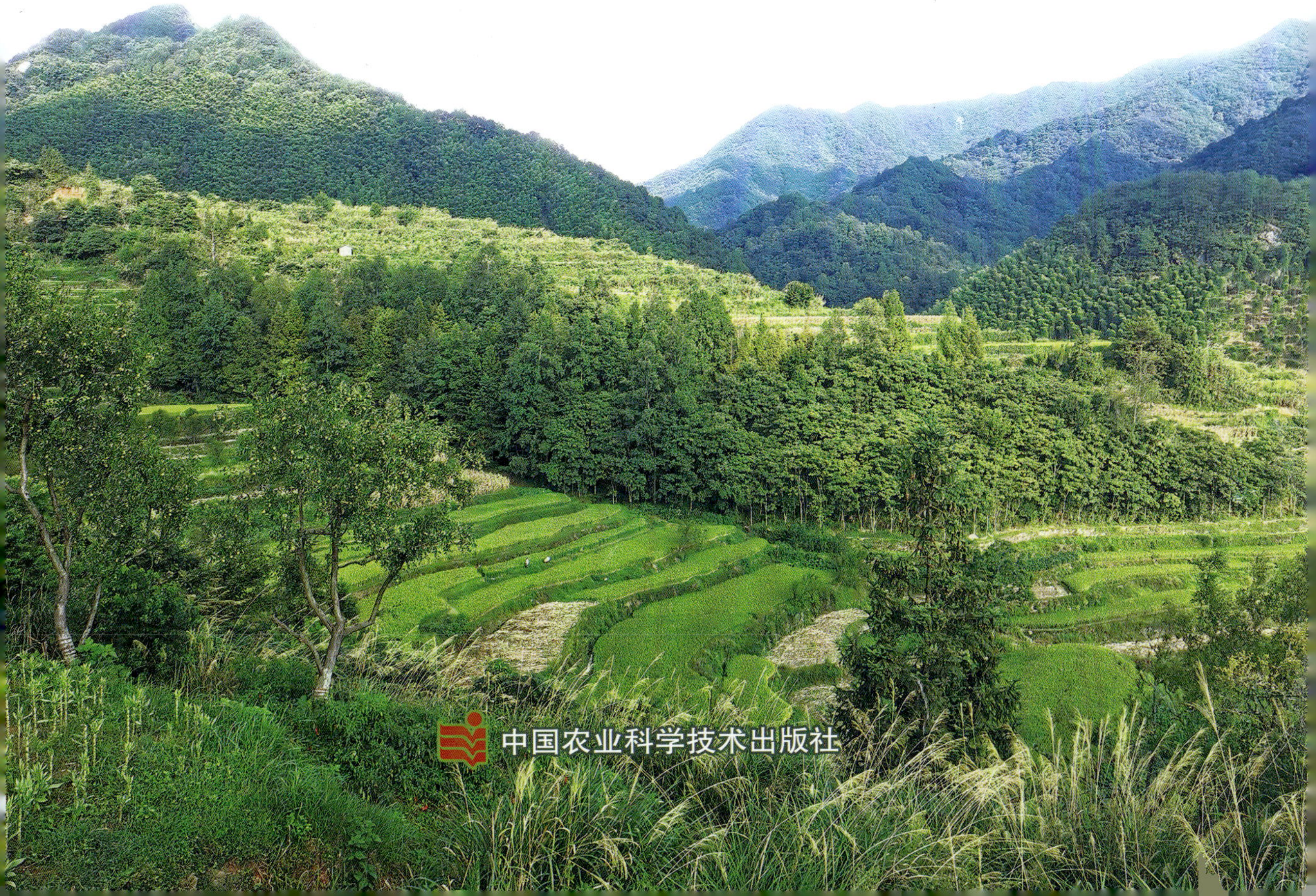

中国农业科学技术出版社

图书在版编目（CIP）数据

农作物优异种质资源与典型事例. 北京、天津、河北、安徽、西藏卷 / 高爱农，胡小荣，窦欣欣主编. -- 北京：中国农业科学技术出版社, 2024.7. -- ISBN 978-7-5116-6981-0

Ⅰ．S329.2

中国国家版本馆CIP数据核字第202481U141号

责任编辑	周伟平　崔改泵
责任校对	李向荣
责任印制	姜义伟　王思文

出 版 者	中国农业科学技术出版社
	北京市中关村南大街12号　　邮编：100081
电　　话	（010）82106638（编辑室）　（010）82106624（发行部）
	（010）82109709（读者服务部）
网　　址	https：//castp.caas.cn
经 销 者	各地新华书店
印 刷 者	北京地大彩印有限公司
开　　本	185 mm×260 mm　1/16
印　　张	15.5
字　　数	368千字
版　　次	2024年7月第1版　2024年7月第1次印刷
定　　价	160.00元

― 版权所有·侵权必究 ―

安徽卷

一、优异资源篇 …… 151

（一）杨三寨神韭菜 …… 151
（二）芮枣 …… 152
（三）庄红贡米 …… 152
（四）红苞谷 …… 153
（五）金寨小黄姜 …… 154
（六）徽椒 …… 154
（七）鹰爪粟 …… 155
（八）贡柿 …… 156
（九）"红灯笼"辣椒 …… 156
（十）"六月黄"枇杷 …… 157
（十一）祁门小红橘 …… 158
（十二）"弋江籽"紫云英 …… 158
（十三）七井黑玉米 …… 159
（十四）苏赵梨 …… 160
（十五）临涣包瓜 …… 161
（十六）黄石茶 …… 161
（十七）渣济斤八对 …… 162
（十八）白际山芋 …… 163
（十九）阳台青皮豆 …… 163
（二十）"春不老"白菜 …… 164
（二十一）四角菱 …… 165
（二十二）里仁香榧 …… 165
（二十三）矮脚黄芝麻 …… 166
（二十四）观堂大蒜 …… 167
（二十五）石霞小油菜 …… 167

二、资源利用篇 …… 169

（一）庄红贡米 …… 169

（二）"六月黄"枇杷 169
　　（三）苏赵梨 170
　　（四）"红灯笼"辣椒 170
　　（五）舒城黄姜 170
　　（六）双牙子大蒜 170
　　（七）铜陵白姜 171
　　（八）金寨小黄姜 171

三、人物事迹篇 172
　　（一）做好种业守"芯"人 172
　　（二）焦道祥两代人守护的四代梨园 174

四、经验总结篇 177
　　（一）安徽省在普查行动中总结的成功经验 177
　　（二）多措并举，探索县域农作物种质资源转化利用新途径 178

西藏卷

一、优异资源篇 185
　　（一）优质黄肉光核桃 185
　　（二）白墩苜蓿 186
　　（三）墨竹工卡小油菜 187
　　（四）吉隆黄油菜 187
　　（五）易贡辣椒 188
　　（六）高原苎麻 189
　　（七）隆子黑青稞 190
　　（八）索多西辣椒 191
　　（九）八宿黑苦荞 192
　　（十）洛扎黑豌豆 192
　　（十一）察隅红皮花生 193
　　（十二）墨脱红米 194

（十三）比如珠芽蓼 195
　　（十四）丁青小蓝青稞 195
　　（十五）尼玛固沙草 196
　　（十六）南木林藏沙蒿 197
　　（十七）魔鬼辣椒 197
　　（十八）萨迦芫根 198
　　（十九）康马野生六棱大麦 199
　　（二十）日土蓝青稞 199

二、资源利用篇 201
　　（一）然巴珠芽蓼 201
　　（二）隆子黑青稞 201
　　（三）艾玛马铃薯 201
　　（四）贡嘎红马铃薯 202
　　（五）优质黄肉光核桃 202
　　（六）白墩苜蓿 202

三、人物事迹篇 203
　　（一）勤于专研　发扬"孺子牛"精神
　　　　——西藏自治区芒康县农牧科技推广服务中心梁炜君 203
　　（二）珍惜学习机会　发扬青稞精神
　　　　——西藏自治区农牧科学院第三次全国农业资源普查员伦珠朗杰 204
　　（三）青春因磨炼而精彩　资源因保护而留存
　　　　——记录坚守在一线的农作物种质资源守护者 207
　　（四）勤勤恳恳做事　踏踏实实做人
　　　　——西藏大学王艳梅 209

四、经验总结篇 211
　　西藏自治区在普查行动中总结的成功经验 211

附录　第三次全国农作物种质资源普查与收集行动2019年实施方案 212

《农作物优异种质资源与典型事例——北京、天津、河北、安徽、西藏卷》编委会

主　编　高爱农　胡小荣　窦欣欣
副主编　赵伟娜　田朋佳　张　慧

主要编写人员（以姓氏笔画为序）

北京卷

王　平	王　仲	王　璐	牛　茜	叶翠玉	田慧芳	兰彦平
邢　蕾	邢燕霞	刘庞源	刘建峰	刘海龙	刘继伟	孙明德
贡瑞明	李　冲	李志强	李香景	吴晓云	佟国香	谷艳蓉
邹原东	张　健	张连平	张盼盼	张海娇	陈少锋	陈立军
陈宗玲	陈振华	易红梅	金宝燕	赵汝楠	钟连全	侯淑敏
昝立红	贺景林	徐淑莲	高　明	高银芝	郭　雪	郭长富
黄少虹	黄生斌	崔　澈	续连杰	韩　芳	韩振芹	程建军
窦欣欣	福德平					

天津卷

于海龙	王　永	王　璐	王一衡	王立宾	孔维良	邓　强
付任胜	兰青阔	乔　军	刘　军	刘　昊	江应松	李素文
李焕勇	杨爱宾	肖　瑜	佟　卉	谷　瑜	张新建	武云鹏
范伟强	赵晓雷	姜　悦	黄亚杰	焦　荻	曾　斌	

河北卷

王 珅	王广鹏	王世国	王丽华	王明秋	王海飞	牛雪婧
尹庆珍	石丽娜	田 静	田万峰	全建章	刘志芳	刘素娟
安洪周	许丽丽	孙建瑞	李 辉	李 强	李中华	张灵芝
张宗桓	张建斌	张树航	张新生	陈玉强	陈琳琳	郝宝锋
耿立格	高 翔	高秀瑞	郭向华	崔淑芳	梁玉芹	梁利娜
韩圣来						

安徽卷

丁树忠	万有保	万和炎	马贤炳	王 甜	王明霞	王浩东
王淑凤	方立群	方永新	方建军	孔凤琴	甘成余	兰 金
宁志怨	庄世荣	刘卫民	刘归定	刘同发	刘 泽	江小伟
许兴旺	阮 旭	严 江	严康泉	苏 莉	李 琦	李东红
李国宏	杨文胜	肖志红	吴保同	吴新国	何 毅	何新祥
余倩倩	汪少波	张 磊	张广才	张福昌	陈 钧	陈凤山
陈宝才	陈俊生	陈恩全	金 钟	周 锐	周维军	郑智慧
赵 莉	赵西拥	赵晓东	赵鄞瑞	荣松柏	胡秀松	姜 山
贾宗友	晁元上	徐华贵	徐建新	黄 洁	黄卫华	葛小平
程加根	焦道祥	童秋云	鲍敏辉	熊克巍	燕 丽	

西藏卷

王世彬	王陆州	王艳梅	王敬龙	文雪梅	尹中江	旦增塔庆
田朋佳	永 毛	尼玛央宗	尼玛次仁	达瓦顿珠	曲广鹏	伦珠朗杰
多吉顿珠	刘秀群	红 英	贡觉巴桑	李媛蓉	李照青	吴沁安
拉巴扎西	罗黎鸣	金 涛	周永洪	赵 凡	赵艳宁	胡金鑫
袁瑜贵	格桑平措	高 雪	高小丽	益西央宗	桑 旦	黄海皎
常子惠	梁炜君	蒋兵涛	普布卓玛	曾秀丽	廖文华	德吉曲珍
德吉拉姆	魏 巍					

编 审 高爱农

PREFACE 序

近年来，随着生物技术的快速发展，各国围绕重要基因发掘、创新和知识产权保护的竞争越来越激烈。农作物种质资源已成为保障国家粮食安全和农业供给侧结构性改革的关键性战略资源。然而随着气候、自然环境、种植业结构和土地经营方式等的变化，导致大量地方品种迅速消失，作物野生近缘植物资源也因其赖以生存繁衍的栖息地遭受破坏而急剧减少。因此，尽快开展农作物种质资源的全面普查和抢救性收集，妥善保护迫在眉睫。通过开展农作物种质资源普查与收集，不仅能够防止具有重要潜在利用价值种质资源的灭绝，而且通过妥善保存，能够为未来国家现代种业的发展提供源源不断的基因资源，提升国际竞争力。

为贯彻落实《全国农作物种质资源保护与利用中长期发展规划（2015—2030）》（农种发〔2015〕2号），在财政部支持下，农业部（今农业农村部）于2015年启动了"第三次全国农作物种质资源普查与收集行动"（以下简称"行动"），发布了《第三次全国农作物种质资源普查与收集行动实施方案》（农办种〔2015〕26号）。"行动"的总体目标是对全国2 228个农业县进行农作物种质资源全面普查，对其中665个县的农作物种质资源进行系统调查与抢救性收集，共收集各类作物种质资源10万份，繁殖保存7万份，建立农作物种质资源普查与收集数据库，为我国的物种资源保护增加新的内容，注入新的活力，为现代种业和特色农产品优势区建设提供信息和材料支撑。

为了介绍"行动"中发现的优异资源和涌现的先进人物和典型事迹，促进交流与学习，提高公众的资源保护意识，根据有关部署，现计划对"行动"自2015年启动以来的典型事例进行汇编并陆续出版。汇编内容主要包括优异资源篇、资源利用篇、人物事迹篇和经验总结篇。

优异资源篇，主要介绍新近收集的优异、珍稀濒危资源或具有重大利用前景的资源，重点突出新颖性和可利用性。资源利用篇，主要介绍当地名特优资源在生产、生活中的利用现状、产业情况，以及在当地脱贫致富和经济发展中的作用。人物事迹篇，主要介绍资源保护工作中的典型人物事迹、种质资源的守护者或传承人，以及种质资源的开发利用者等。经验总结篇，介绍各单位在普查、收集以及资源的保护和开发利用过程中，形成的组织、管理等工作方面的好做法和好经验。

该汇编既是对"行动"中一线工作人员风采的直接展示，也是为种质资源保护工作提供一个宣传交流的平台，并从一个侧面对普查工作成效和典型经验进行总结，为国家的农作物种质资源保护和利用工作尽微薄之力。

编　者

2023年6月

FOREWORD 前 言

由农业农村部组织开展，中国农业科学院作物科学研究所牵头实施的"第三次全国农作物种质资源普查与收集行动"（以下简称"行动"）于2015年启动。在农业农村部种业管理司的直接领导下，组建了以首席科学家刘旭院士为核心，中国农业科学院作物科学研究所，各相关省（区、市）农业农村厅（局、委）、农科院和县（市、区）农业主管部门组成"行动"执行网络体系，全面实施"行动"实施方案。截至2018年共开展了湖北、湖南、广西、重庆、江苏、广东、浙江、福建、江西、海南、四川和陕西12省（区、市）的普查与收集。

2019年又启动了北京、天津、河北、安徽和西藏5省（区、市）的普查与收集工作。经过4年多的努力，5省（区、市）共完成312个县（市、区）农作物种质资源的普查与征集和95个县（市、区）的调查与抢救性收集，累计收集各类农作物种质资源2万余份并移交至国家种质资源库（圃）。新收集的资源将极大地丰富国家种质资源库（圃），其中，发现和鉴定出的一批优异种质资源，已经或即将在基础研究、品种改良和当地的农业农村经济发展等方面发挥作用。

在"行动"开展过程中，奋战在资源保护一线的工作人员以及普通群众，涌现出许多先进人物和典型事例，他们为国家的种质资源保护工作贡献了自己的一份力量和一份坚守，值得宣传和学习。

我们作为普通的种质资源工作者能够参与其中也深感荣幸。在此也感谢各省（区、市）的有关单位对普查工作办公室工作的大力支持！由于时间仓促，本汇编难免有疏漏之处，敬请大家批评指正！

编 者
2023年6月

CONTENTS 目 录

北京卷

一、优异资源篇 3

  （一）怀柔板栗 3

  （二）大兴桑树 3

  （三）京白梨 4

  （四）大米豆 5

  （五）良乡板栗 5

  （六）浅紫豆角 6

  （七）青谷子 7

  （八）珍珠挂粘高粱 7

  （九）小杜梨 8

  （十）胭脂稻 9

  （十一）大红苗柳梢谷子 10

  （十二）老号生菜 11

  （十三）大黄 11

  （十四）鞭杆红胡萝卜 12

  （十五）玉巴达 13

  （十六）八棱脆海棠 13

  （十七）葫芦 15

  （十八）南瓜 15

（十九）野高粱 ………………………………………………………… 16
　　（二十）红谷子 …………………………………………………………… 17
　　（二十一）"红的发紫"豆角 …………………………………………… 17
　　（二十二）小磨扇南瓜 …………………………………………………… 18
　　（二十三）大白瓷白马牙 ………………………………………………… 19
　　（二十四）大粒黑豆 ……………………………………………………… 20
　　（二十五）黏黍子 ………………………………………………………… 20

二、资源利用篇 ………………………………………………………………… 22
　　（一）"老口味"蔬菜品种的恢复与推广 ……………………………… 22
　　（二）白马牙玉米的恢复与推广 ………………………………………… 23
　　（三）玉巴达杏的推广 …………………………………………………… 24
　　（四）胭脂稻的推广 ……………………………………………………… 26
　　（五）八棱脆海棠的推广 ………………………………………………… 26

三、人物事迹篇 ………………………………………………………………… 28
　　（一）护好一粒种　守好天下粮
　　　　　——北京农作物种质资源的守护者　北京市种子管理站窦欣欣 …… 28
　　（二）默默无闻，做资源进入国家宝库的传送带
　　　　　——北京市种子管理站王仲 ……………………………………… 32
　　（三）护好一粒种　实现"科技粮"
　　　　　——北京市农林科学院易红梅 …………………………………… 33
　　（四）对种质资源满怀情感，终身呵护
　　　　　——北京市农林科学院刘庞源 …………………………………… 34
　　（五）穿山越岭觅种质，走村串户为普查
　　　　　——行走于乡间的资源普查员　北京农学院韩芳 ……………… 36
　　（六）广泛宣传　踏实工作　应收尽收做好农作物种质资源普查
　　　　　——北京农业职业学院李志强 …………………………………… 38
　　（七）战疫抗暑　勤奋工作为农作物种质资源普查作贡献
　　　　　——北京农业职业学院韩振芹 …………………………………… 40

四、经验总结篇 ………………………………………………………………… 43
　　北京市在普查行动中总结的成功经验 …………………………………… 43

北京卷

一、优异资源篇

（一）怀柔板栗

种质名称：怀柔板栗。
作物及类型：板栗，地方品种。
来源地：北京市怀柔区。
种植历史：100年以上。
主要特征特性：花期5—6月，9月中下旬成熟。板栗小而油亮，口感甜面，炒出的糖炒栗子最好吃，容易剥壳。据说，清代慈禧为了延年益寿，经常食用栗子面窝头，后传至民间，成为著名的北京小吃之一。栗蓬中型，呈椭圆形，刺束中密；每个蓬含坚果2~3个，坚果为圆形，皮色为栗褐色，有光泽，茸毛较少，坚果种脐小。其主产区域的海拔高度、降水量、温度、土质等条件都十分适宜板栗生长，坚果内皮蜡质含量高，炒熟后内果皮易剥落，这一特点是国内其他地区板栗种群所不能比拟的。怀柔板栗产品已获得"绿色食品"认证、ISO 9001国际质量管理体系认证及ISO 14001国际环境管理体系认证。

怀柔板栗

供稿人：北京市农林科学院林业与果树研究所　兰彦平
　　　　北京市农林科学院　陈振华

（二）大兴桑树

种质名称：大兴桑树。
作物及类型：桑，地方品种。

来源地：北京市大兴区。

种植历史：1 500年以上。

主要特征特性：5月开花，葇荑花序，果熟期6—7月。喜光，幼时稍耐阴。喜温暖湿润气候，耐寒，耐干旱，耐水湿能力强，耐瘠薄，对土壤的适应性强。叶为桑蚕饲料，木材可制器具，枝条可编箩筐，桑皮可作造纸原料，桑葚可供食用、酿酒，叶、果和根皮可入药。聚花果卵圆形或圆柱形，黑紫色或白色。具有食用、饲用、景观等利用价值。北京市大兴区安定镇现有老桑树700余棵，主要分布在高店、前野厂、后野厂等6个村。为做好老桑树的保护和生态文化传承发展工作，每年举办桑葚旅游文化节，推动地区旅游业发展。安定镇御林古桑园是华北最大、北京地区独有的古桑园，园内桑树品种繁多，包括"白蜡皮儿""黑珍珠"等，可供游客采摘品尝。2010年11月15日，农业部（今农业农村部）批准对"安定桑葚"实施农产品地理标志登记保护。

大兴桑树

供稿人：北京市大兴区种业与植保服务站　李　冲

北京市种子管理站　邢燕霞

北京农业职业学院　韩析芹

（三）京白梨

种质名称：京白梨。

作物及类型：梨，地方品种。

来源地：北京市大兴区。

种植历史：170年以上。

主要特征特性：砧木嫁接，9月初至9月底果实成熟。优质，高产。果皮薄，口感细腻，汁水甜。自清代同治年间即为宫廷贡品，至慈禧太后临朝更受宠爱，为朝中必备。人们常用"十个果子摞起来不倒，摔在墙上黏住不掉"来形容京白梨外形均匀规整和果肉的细腻含糖量高。京白梨，又名北京白梨，为秋子梨系统中品质最为优良的品种之一，是

京白梨

北京果品中唯一冠以"京"字的地方特色品种。果实扁圆，小巧玲珑，果皮光滑细薄，果肉细腻多汁，酸甜适口，香气袭人，品质极佳。主要分布在大兴区、门头沟区、房山区，2012年被批准为地理标志农产品，这份京西特有的优异种质资源逐渐由宫廷贡品发展为乡村振兴特色产业。

供稿人：北京市农林科学院林业与果树研究所　孙明德

北京市农林科学院　陈振华

（四）大米豆

种质名称：大米豆。
作物及类型：饭豆，地方品种。
来源地：北京市房山区。
种植历史：50年以上。
主要特征特性：6月中旬播种，9月中旬收获。高产，抗旱，籽粒外形细长，似大米状而得名，口感面。抗病性好，抗逆性强，外型特异，与同类品种有明显差异，且分布范围小，仅在北京市房山区发现一份，其余区均未发现。

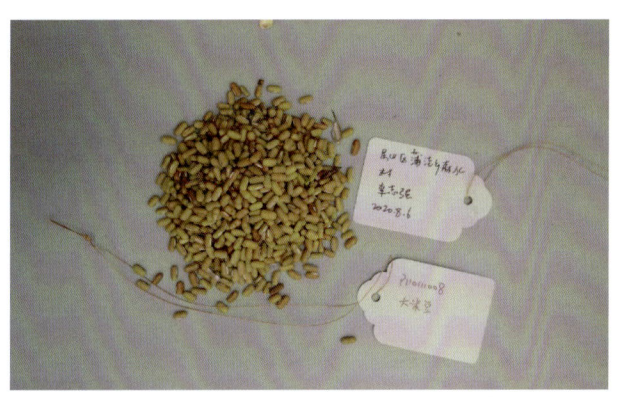

大米豆种子

供稿人：北京市房山区种植业技术推广站　佟国香

北京市种子管理站　邢　蕾

北京农业职业学院　韩振芹

（五）良乡板栗

种质名称：良乡板栗。
作物及类型：板栗，地方品种。
来源地：北京市房山区。
种植历史：2000年以上。良乡板栗早在2000多年以前就享有盛名。战国时代苏秦游说燕文侯时，就赞扬燕国"北有枣栗之利，民虽不由田作，枣栗之实足食于民"。到了辽代还设立了"南京栗园司"，专门管理良乡板栗陪都南京地区（即今北京地区）的栗园，可见当时北京板栗生产的规模已经很大了。

主要特征特性：花期5—6月，9月中下旬成熟。抗逆性强，易于管理，板栗味道甘甜，品质好。据农民介绍，抗日战争期间，日本侵略者疯狂地掠夺过良乡板栗，由于良乡板栗含糖量高，风味独特，营养丰富，在战时可作为食物用于后勤补给，日本侵略者就将良乡板栗作为一种重要的战略资源以低价收购等方式从房山区南窖乡、佛子庄乡等地区大量掠夺，通过公路、铁路运输到天津港口并运至日本。全国解放后，良乡板栗逐步扩大到怀柔、昌平、密云、平谷等区。抗病、抗虫、耐盐碱、抗旱、耐贫瘠、味甜。主要产于房山区西部、西北部山地，其中以佛子庄乡的北窖村、南窖乡的中窖、水峪、花港等村最多。

良乡板栗

供稿人：北京市房山区种植业技术推广站　续连杰
　　　　北京市种子管理站　王　平
　　　　北京农业职业学院　程建军

（六）浅紫豆角

种质名称：浅紫豆角。
作物及类型：菜豆，地方品种。
来源地：北京市怀柔区。
种植历史：50年以上。
主要特征特性：4月下旬播种，7月上旬收获，一般与玉米、高粱等作物间作套种。不易生病生虫，结荚时间长，与玉米、高粱等套种省地，无须过多管理，豆荚炖菜口感好。抗病、抗逆性强，耐贫瘠。管理简单，嫩荚紫红色，颜色靓丽，口感品质佳，怀柔区、密云区等山区农民多有种植。

 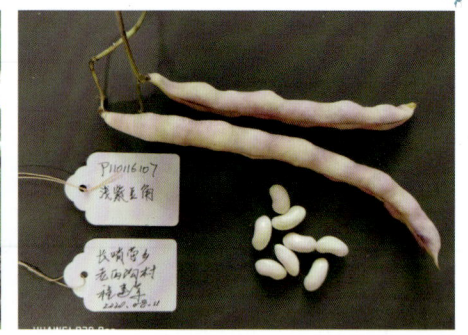

浅紫豆角

供稿人：北京市怀柔区农业农村局　刘海龙
　　　　北京市种子管理站　王　仲
　　　　北京农业职业学院　李志强

（七）青谷子

种质名称： 青谷子。
作物及类型： 谷子，地方品种。
来源地： 北京市怀柔区。
种植历史： 100年以上。
主要特征特性： 4月下旬播种，8月下旬收获。谷米颜色青色，熬粥汤色略黑，米汤浓稠，味道浓香。稃壳为青色。抗病虫，抗旱，耐贫瘠，口感好。

青谷子

供稿人：北京市怀柔区农业农村局　刘海龙
北京市种子管理站　王　仲
北京农业职业学院　李志强

（八）珍珠挂粘高粱

种质名称： 珍珠挂粘高粱。
作物及类型： 高粱，地方品种。
来源地： 北京市怀柔区。
种植历史： 50年以上。

主要特征特性：4月下旬至5月上旬播种，9月下旬至10月上旬收获。抗逆性强，用途多样，高粱米可以熬粥，口感黏香，还可以磨成面做炸元宵等美食。穗秆可以做扫帚、盖帘等。年糕、米黄、黏团子等都是由粘高粱制作，属于怀柔区喇叭沟门满族乡独特美食，制作技艺保持了传统的民族特点。如今北京市东北部山区农民仍然将珍珠挂粘高粱制成的各种美食作为年节必备佳肴。

 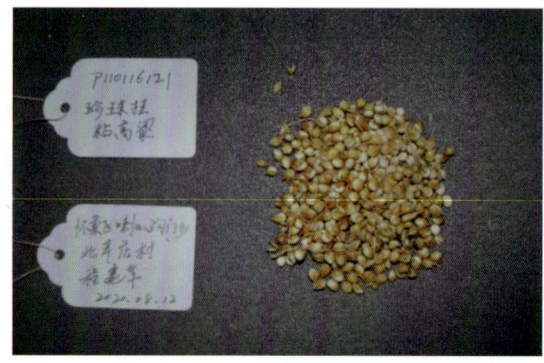

珍珠挂粘高粱

供稿人：北京市怀柔区农业农村局　昝立红

北京市种子管理站　李香景

北京农业职业学院　李志强

（九）小杜梨

种质名称：小杜梨。

作物及类型：梨，地方品种。

来源地：北京市昌平区。

种植历史：100年以上。

主要特征特性：一般4月上中旬花期，10月上旬果实成熟。抗病，抗虫，抗旱，用于嫁接梨树，木材也可加工。抗逆性强，耐贫瘠，耐寒凉，抗病能力强，通常作各种栽

天津卷

一、优异资源篇 ... 49
  （一）蓟百年丰产油栗 ... 49
  （二）蓟州香白杏 ... 50
  （三）白芝麻 ... 51
  （四）独流大冬瓜 ... 52
  （五）独流弯苗韭菜 ... 52
  （六）白茄 ... 53
  （七）大白瓜 ... 54
  （八）老来少豆角（白不老） ... 54
  （九）大散码高粱 ... 55
  （十）爆裂玉米 ... 56
  （十一）白龙港冬瓜 ... 57
  （十二）宝坻白蒜 ... 57
  （十三）宝坻天鹰椒 ... 58
  （十四）曹村大蒜 ... 59
  （十五）黄花草木樨 ... 60
  （十六）大绿豆 ... 60
  （十七）分葱 ... 61
  （十八）黑花生 ... 61
  （十九）黑芝麻 ... 62
  （二十）茴香 ... 63
  （二十一）鸡跳脚玉米 ... 64
  （二十二）腊稔胡萝卜 ... 65
  （二十三）六瓣红大蒜 ... 65
  （二十四）猫耳儿豆角 ... 66
  （二十五）条瓜 ... 68
  （二十六）小黄玉米 ... 69

二、资源利用篇 ... 70
  （一）猫耳儿豆角的选育及产业化发展 ... 70

3

（二）老品种津研四号黄瓜的再利用 ·········· 70
　　（三）沙窝萝卜的开发与利用 ·············· 71
　　（四）朝研番茄的选育与利用 ·············· 72
　　（五）腊稔胡萝卜的可利用性 ·············· 73

三、人物事迹篇 ····················· 75
　　（一）统筹安排　抓好典型　整体推进
　　　　——天津市农业农村委员会江应松 ········· 75
　　（二）脚踏实地，以干为先
　　　　——优秀种质资源调查员李素文的故事 ······· 77
　　（三）种质资源收集与保护，永远在路上
　　　　——天津市农业科学院种质资源与生物技术研究所王一衡 · 79
　　（四）用心收集，发现好资源
　　　　——天津科润蔬菜研究所黄亚杰 ·········· 80
　　（五）丝瓜资源收集记事
　　　　——天津科润黄瓜研究所邓强 ··········· 82
　　（六）我与种质资源
　　　　——天津市农业科学院农业资源与环境研究所张新建 ·· 84

四、经验总结篇 ····················· 86
　　（一）普查行动培养了一支种质资源研究队伍 ······ 86
　　（二）设立农作物种质资源保护单位 ··········· 88

河北卷

一、优异资源篇 ····················· 91
　　（一）黑软谷 ····················· 91
　　（二）三白西瓜 ···················· 92
　　（三）紫粒架豆 ···················· 92
　　（四）大马牙高棵老玉米 ··············· 93
　　（五）笤帚高粱 ···················· 94

（六）金勾黄韭 95
（七）红高粱 95
（八）农家黑豆 96
（九）莛子麦 97
（十）龙兴贡米 98
（十一）毛毛亮谷子 98
（十二）羊草 99
（十三）家榆皮 100
（十四）酥棒 101
（十五）山黄瓜 102
（十六）二包尖白菜 102
（十七）伞头高粱 103
（十八）老白马牙玉米 104
（十九）小顶胡萝卜 105
（二十）小尖菠菜 105
（二十一）大穗稗子 106
（二十二）实生板栗 107
（二十三）长叶野生大豆 107
（二十四）胭脂稻 108
（二十五）打瓜 109
（二十六）王庄大白菜 109
（二十七）黄瓤西瓜 110
（二十八）屁马青 111
（二十九）百年脆梨 111
（三十）妈妈枣 112
（三十一）五香梨 113
（三十二）西下营板栗 113

二、资源利用篇 115

（一）玉田二包尖白菜 115
（二）龙兴贡米 116
（三）三白西瓜 117
（四）普查收集到的地理标志性品种 117
（五）普查收集到的潜在重要价值种质资源 118

三、人物事迹篇 120

（一）脚踏实地，笃行不怠
——涉县农业技术推广中心王海飞 120

（二）种质资源征集开发路上的"老黄牛"
——威县普查队张宗桓和陈琳琳 122

（三）千淘万漉虽辛苦 吹尽狂沙始到金
——赤城县种子管理站站长王世国 125

（四）粮安天下，种为粮先
——玉田农业农村局孙建瑞 128

（五）收集优良农家品种，为农业发展作贡献
——武强县普查收集小组 130

（六）用心做事，完成使命
——昌黎县农业农村局王丽华 131

（七）不忘初心，方得始终
——文安县种子管理站站长张灵芝 132

（八）典型人物事迹材料
——冀州区农业农村局走访调研小分队（成员：韩圣来、李聪、孔繁华、苏静） 134

（九）青春无悔学农路 使命担当为"三农"
——阜城县农业农村局许丽丽 138

（十）农作物种质资源守护者
——农业生物资源保存中心耿立格 141

（十一）一线普查人员的平凡工作
——围场满族蒙古族自治县农业种质资源普查 142

（十二）服务"三农"，奉献"三农"
——唐山市农作物种子站梁利娜 143

四、经验总结篇 145

河北省在普查行动中总结的成功经验 145

（十五）玉巴达

种质名称：玉巴达。
作物及类型：杏，地方品种。
来源地：北京市海淀区。
种植历史：500年以上。据《海淀区志》记载，"海淀地区栽培杏已有500多年历史，品种繁多，资源丰富，产于北安河的优良品种玉巴达，明代曾为贡品"。据史料所载"卧佛寺面面皆杏花、杏树可十万株，此香山第一圣处也"。清《帝京岁时纪胜》描述"杏除香白、八达杏之外，有四道河、海棠红等杏，仁亦甘美"。
主要特征特性：4月初始花，4月上旬盛花期，花期5~7d，6月上旬果实成熟。种植历史悠久，果实美观，又大又圆，风味浓郁，香甜爽口。玉巴达杏是海淀杏的代表，果实圆形，平均单果重61.5g，果顶平，微凹；缝合线明显而深，两侧不对称，梗洼深而广，果个大小整齐；果面底色黄白色，阳面有鲜红晕，茸毛中等多；皮中等厚，难剥离，果肉黄白色，肉质细而松软，纤维稍多，味甜酸，多汁，有香气。海淀区建立玉巴达杏原产地保护园，现有百年"老杏树"（树龄长或有故事传说）10株。2014年5月，"海淀玉巴达杏"获得农产品地理标志登记，对杏资源保护起到了重要作用。"海淀玉巴达杏"主要集中在苏家坨镇的北安河村、管家岭村、草场村、西埠头村、七王坟村、车耳营村，是市民赏花品果的绝佳去处。

玉巴达

供稿人：北京市海淀区农业技术综合服务中心　崔　澈
北京市种子管理站　福德平
北京农业职业学院　张海娇

（十六）八棱脆海棠

种质名称：八棱脆海棠。
作物及类型：海棠，地方品种。

来源地：北京市延庆区。

种植历史：40年以上。

主要特征特性：4月花期，9月下旬至10月上旬成熟。树体强健、耐寒、抗旱、抗病虫、耐贫瘠、寿命长，果实近圆形、有棱、果皮光滑、淡黄色、着色红艳，外观艳丽，耐贮存，果实肉细、脆嫩、汁多、酸甜适度、口感较好。该资源入选"2019年十大优异农作物种质资源"。抗性强，耐逆性突出，果实具有较高的食用价值，口感酸甜爽脆，基本无苦涩感。除此之外，八棱脆海棠属于小乔木，树冠紧凑、树形漂亮，具有较高的景观价值。

八棱脆海棠

供稿人：北京市延庆区农产品质量安全中心　侯淑敏
　　　　北京市种子管理站　王　仲
　　　　北京农业职业学院　刘继伟

（十七）葫芦

种质名称：葫芦。

作物及类型：葫芦，地方品种。

来源地：北京市怀柔区。

主要特征特性：一般4月下旬播种，10月上旬收获。抗病虫，抗旱，耐贫瘠，播种后不用过多管理。嫩瓜食味微甜，可炖肉，做馅，也可加工为葫芦条，晾干后食用。老熟后可加工器具。抗病性强，抗逆性好。食用方法多样，口感好，瓜肉致密厚实，可加工成条。

葫芦

供稿人：北京市怀柔区农业农村局　赵汝楠
　　　　北京市种子管理站　窦欣欣
　　　　北京农业职业学院　韩振芹

（十八）南瓜

种质名称：南瓜。

作物及类型：南瓜，地方品种。

来源地：北京市怀柔区。

种植历史：40年以上。

主要特征特性：一般4月中下旬播种，8月中下旬收获。不生病，不生虫，耐旱，耐贫瘠，生命力强，瓤白色，可煮食，也可喂家畜。抗性和耐逆性强，籽粒和果实像西瓜，农民称其为南瓜，疑为野生西瓜的一个种。

南瓜

供稿人：北京市怀柔区农业农村局　郭长富

北京市种子管理站　窦欣欣

北京农业职业学院　吴晓云

（十九）野高粱

种质名称：野高粱。

作物及类型：高粱，地方品种。

来源地：北京市昌平区。

主要特征特性：自然生长于田间地头。生长年头久，久除不绝，抗性极强，不生病，耐寒耐旱，除草剂也杀不绝。抗病，抗虫，抗旱，耐贫瘠。抗倒伏，抗除草剂，生命力顽强。

野高粱

供稿人：北京市昌平区植保植检站　钟连全

北京市种子管理站　李香景

北京农业职业学院　韩振芹

（二十）红谷子

种质名称：红谷子。
作物及类型：谷子，地方品种。
来源地：北京市延庆区。
主要特征特性：一般5月下旬播种，9月下旬收获。茎秆粗壮，不易倒伏，抗性强，耐贫瘠。易招鸟害，产量低。分蘖少，抗病，抗虫，抗倒伏。谷穗一般成熟后为红色，稃壳为光亮红色，煮粥口感香甜，谷米食用品质佳。

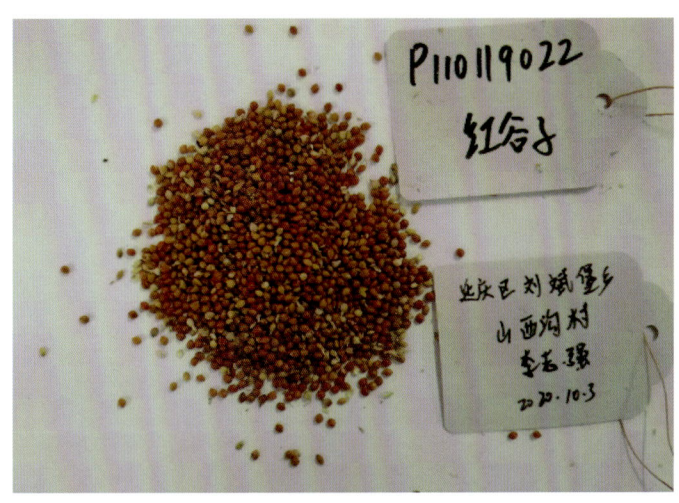

红谷子

供稿人：北京市延庆区农产品质量安全中心　侯淑敏
北京市种子管理站　徐淑莲
北京农业职业学院　李志强

（二十一）"红的发紫"豆角

种质名称："红的发紫"豆角。
作物及类型：扁豆，地方品种。
来源地：北京市平谷区。
种植历史：30年以上。
主要特征特性：一般4月下旬至5月上旬播种，8月中旬至10月下霜前收获。采收期50~60d，产量高，不易生病，生命力强，秧攀得高。做土豆炖豆角，豆角烧茄子等味道好。植株茎秆、叶脉、花、荚均为紫红色，颜色漂亮，植株抗性强，嫩荚食用品质佳。

"红的发紫"豆角

供稿人：北京市平谷区种植业服务中心　张　健

北京市种子管理站　窦欣欣

北京农业职业学院　吴晓云

（二十二）小磨扇南瓜

种质名称：小磨扇南瓜。

作物及类型：南瓜，地方品种。

来源地：北京市平谷区。

种植历史：30年以上。

主要特征特性：一般5月上旬播种，9月上旬收获。果实形似磨盘，相较于一般磨扇南瓜稍小，可以吊起来种植。生命力强，不易生病，简单管理即可，不需要过多打药施肥。宜蒸食，口感软糯甜香。果实美观，可以廊架栽培供观赏，生长势强，抗病性好，耐贫瘠，食用品质佳。

小磨扇南瓜

供稿人： 北京市平谷区种植业服务中心　谷艳蓉
　　　　 北京市种子管理站　田慧芳
　　　　 北京农业职业学院　程建军

（二十三）大白瓷白马牙

种质名称：大白瓷白马牙。
作物及类型：玉米，地方品种。
来源地：北京市顺义区。
种植历史：50年以上。
主要特征特性：一般4月下旬播种，9月上中旬收获。当地种植历史久，生长期长，刮风下雨会倒，影响产量，但喜肥水、耐旱涝，果穗大，出粮率高，加工成玉米渣、玉米面，可以做棒渣粥、摊锅饼、做玉米饼、发糕、菜团子等，吃起来特别好吃。该品种虽然产量低、穗位高、不抗倒伏，但抗病、抗虫、抗旱，曾是北方玉米当家品种，凭借浓香四溢的口感，成为几代人的回忆，现在北京市郊区仍然有不少农户、合作社、农业园区种植该品种，累计种植面积超过1 000亩，结合当地乡村特色旅游产业，将收获产品制成玉米面、玉米渣，配以精美包装，形成别具一格的农家特色产品。

大白瓷白马牙

供稿人： 北京市顺义区农业技术综合服务中心　张盼盼
　　　　 北京市种子管理站　黄少虹
　　　　 北京农业职业学院　李志强

（二十四）大粒黑豆

种质名称：大粒黑豆。

作物及类型：大豆，地方品种。

来源地：北京市密云区。

种植历史：50年以上。

主要特征特性：一般5月中旬播种，10月上旬收获。秧高，不易得病，耐旱。大圆粒，又黑又亮，可以做豆腐、豆花，生豆芽，还可以打豆浆，喝多了也不会拉肚子，也可以直接蒸杂粮饭、熬粥、做汤。除了供人食用，还可以喂骡子、马，牲口吃后体壮、有劲儿，还不爱生病。抗病，抗旱，耐贫瘠。籽粒圆形，较一般黑豆大而圆，品质优，食用方法多样，还具备良好的饲用价值。

 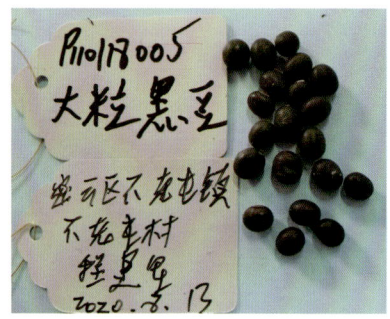 

大粒黑豆

供稿人：北京市密云区农业农村局　高银芝

北京市种子管理站　张连平

北京农业职业学院　程建军

（二十五）黏黍子

种质名称：黏黍子。

作物及类型：黍，地方品种。

来源地：北京市密云区。

种植历史：50年以上。

主要特征特性：一般4月上旬播种，6月下旬收获。耐干旱，黍米颜色金黄，具有黏性，当地又称黄米、软米，可以熬八宝粥、包粽子，也可以和红薯一起蒸食，香甜软糯，还可以加工成黍子面粉，做年糕、炸糕、豆包，烙成黏饼。耐旱、耐贫瘠，黍米具有黏性。京郊农民多会种植一小片，在端午节或春节等传统节日期间用其包粽子、蒸年糕。

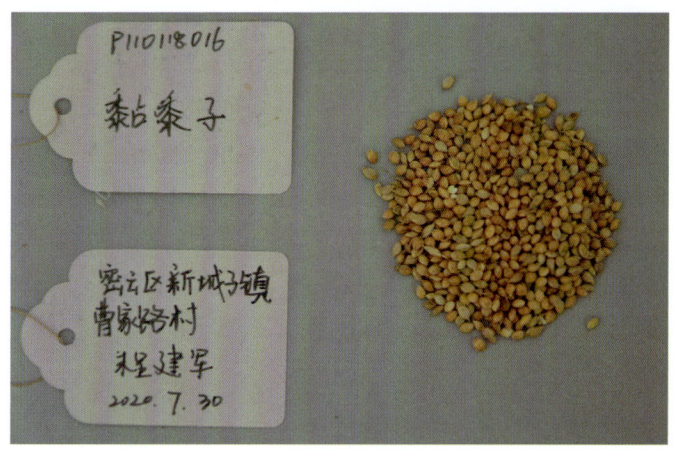

黏黍子

供稿人：北京市密云区农业农村局　高　明
　　　　北京市种子管理站　张连平
　　　　北京农业职业学院　吴晓云

二、资源利用篇

（一）"老口味"蔬菜品种的恢复与推广

北京蔬菜生产起源于春秋时期，迄今已有近3 000年历史，在漫长的历史长河中，通过自然和先民的双重选择，逐渐形成了一批适宜本地气候特点和食用口感风味的优质品种，并通过精耕细作成了北京蔬菜文化的载体。但20世纪80年代中后期开始，为保障市场供应，选种目标以高产为主，这些优质的"老口味"蔬菜品种逐步退出市场。

此次征集到的蔬菜品种大黄（番茄）、北京秋瓜（黄瓜）、板叶心里美（萝卜）、鞭杆红胡萝卜均具有极佳的口感。早在2009年，北京市种子管理站和农业技术推广站就开展了"老口味"蔬菜品种挖掘与示范推广工作，通过多年的不懈努力，在金福艺农农业园、蟹岛度假村、海淀区农科所基地、良之悦品基地、南宫世界地热博览园、金六环农业科技园、乡居楼农业庄园等60多个基地和合作社开展以大黄、北京秋瓜、板叶心里美、鞭杆红胡萝卜为代表的"老口味"蔬菜种植，每年种植面积达到了1 000亩左右。而且，上海、江苏、河北、天津、黑龙江、山东等省（市）许多菜农也纷纷引种种植。与种植普通蔬菜相比，种植"老口味"蔬菜效益可提高2~10倍。

2019年，以品种收集整理为基础，采取传统的精耕细作栽培技术配合目前安全、低碳环保的栽培新技术，在京郊部分条件适合的园区和基地，开展传统老口味蔬菜品种示范推广，满足了市场需求。在顺义、昌平、朝阳、通州等6个区，共建立"老口味"蔬菜品种示范基地26个，示范面积320亩，年平均供应量达38.4万kg。

2020年，在前期工作基础上，开展"老口味"蔬菜生产调研，了解目前全市老口味蔬菜品种的繁育以及恢复种植情况，针对生产中发生的问题进行技术研究，以品质提升为目标，明确温光环境、播期，以及土壤质地和水肥管理等对蔬菜品质的影响，为制定"老口味"蔬菜高品质栽培技术奠定基础。

2021年，建立"老口味"蔬菜核心示范点3个，示范面积47亩，示范大黄、北京秋瓜、板叶心里美、鞭杆红胡萝卜等8个品种，平均亩产3 100kg，平均亩效益3.5万元；辐射带动全市800亩"老口味"蔬菜生产，全年240万kg"老口味"蔬菜陆续上市，总效益近3 000万元。

2022年，开始探索大黄、北京秋瓜、板叶心里美、鞭杆红胡萝卜等品种种子繁育技术，并加大示范推广，全市生产面积超过1 000亩、总产量超过300万kg。

"老口味"蔬菜品种展示

供稿人：北京市种子管理站　福德平、张连平、窦欣欣、牛　茜

（二）白马牙玉米的恢复与推广

白马牙玉米因籽粒白色状如马牙而得名，其植株高大、茎秆粗壮、根系发达、耐旱耐贫瘠、果穗硕大、出粮率高，曾是北方玉米的当家品种。而今产量虽然不及现在的杂交种，但凭借浓香四溢的口感，仍然是不少农户、合作社、农业园区的必种品种。此次普查中发现该类型资源遍布北京市门头沟区、房山区、顺义区、昌平区、怀柔区、平谷区和延庆区，共征集到13份，各区叫法有所不同，顺义区称为"大白瓷"，怀柔区称为"大白棒子"，其他区叫"白马牙"，这些征集到的资源是否为同一种质，还有待进一

步分析鉴定。

2019年北京市房山区农业综合服务中心启动白马牙种质资源保护项目，对该品种进行保护利用。目前房山区、顺义区、门头沟区、通州区、密云区等区多个农业种植合作社投入生产，累计种植面积超过1 000亩，结合当地乡村特色旅游产业，将收获产品制成玉米面、玉米渣，配以精美包装，形成别具一格的农家特色产品。

白马牙玉米展示

供稿人：北京市种子管理站　福德平、张连平、窦欣欣、牛　茜

（三）玉巴达杏的推广

北京市海淀区西山一带历史上曾经是杏树的原产地和栽培区，据史料所载"卧佛寺面面皆杏花、杏树可十万株，此香山第一圣处也"，至今海淀区西山一带仍然有许多野杏树。据清《帝京岁时纪胜》描述"杏除香白、八达杏之外，有四道河、海棠红等杏，仁亦甘美"，可见清代就有八达美杏。

本次普查中发现的巴达（八达）杏资源共有5份，其中，4份分布于海淀区，1份分布于顺义区。"巴达"蒙语为"吃饭"之意，将杏用其命名，可见味道之美。根据《海淀区志》记载，"海淀地区栽培杏已有500多年历史，品种繁多，资源丰富，产于北安河的优良品种玉巴达,明代曾为贡品"。相传元朝开国皇帝忽必烈行军至海淀区西山,又累又饿,忽见一棵杏树上的果实又大又圆,采下食之,酸甜适口,汁多味香,味道极其鲜美,于是将该杏树赐名"玉巴达",该品种风味浓郁,香甜爽口,是海淀杏的代表。

玉巴达杏展示

近年来,由于城镇一体化的推进,农田面积锐减,许多优质特色杏品种已经或逐渐濒临灭绝。2012年在海淀区农委、区财政的支持下,海淀农科所启动了海淀杏产业提升项目,通过寻找百年杏树,收集挖掘杏树传奇与故事传说,为百年杏树挂牌,开展挂牌保护工作,选出"老杏树"(树龄长或有故事传说)10株,颁发证书,奖励树主人,建立玉巴达杏原产地保护园。2014年5月,"海淀玉巴达杏"获得农产品地理标志登记,对杏资源保护起到了重要作用。

海淀区玉巴达杏主要集中在苏家坨镇的北安河村、管家岭村、草场村、西埠头村、七王坟村、车耳营村,成为市民赏花品果的绝佳去处。玉巴达杏作为优质种质资源在区政府的支持和重视下,实现了资源保护和产业提升的有机结合。

海淀区玉巴达杏采摘分布

供稿人:北京市种子管理站　福德平、张连平、窦欣欣、牛　茜

（四）胭脂稻的推广

提起"京西稻"，早已家喻户晓，玉泉山周边的水稻成了众多人的网红打卡地。此次普查中，来自海淀区温泉乡太舟坞村的胭脂稻就是京西稻种植的品种之一。该品种稻米籽粒饱满、光润透明，做成米饭松软可口，甜香细嫩，尤宜煮粥，汤汁澄澈而米粒不碎，是康熙、乾隆年间流传下来的珍贵历史品种。

海淀区种植水稻历史已有千年，京西稻稻作技艺也被评为北京市非物质文化遗产，20世纪80—90年代种植面积一度达到十余万亩。然而2000年以后，由于水资源匮乏，海淀区种植结构大幅度调整，水稻种植以每年1万～2万亩的面积锐减。为保护这一面临消失风险的农耕文化遗产，媒体多次呼吁社会的关注和重视。而今，海淀区上庄镇西马坊、东马坊、上庄和常乐等村及西北旺镇永丰屯村、四季青镇玉泉村种植面积稳定在1 700亩左右。海淀区农业部门在产区重点推广应用了两种种植模式。

（1）稻田油菜花种植（水稻油菜轮作）模式：即在春天种植油菜，在水稻种植前充分利用土壤，打造大面积"醉美"油菜花海，油菜后期作为绿肥翻入土壤，提高土壤有机质含量，减少化肥用量，随后种植水稻。

（2）立体种植模式：即稻下养鸭、养蟹、养鱼。养鸭可清除杂草，杜绝除草剂使用；养鱼、养蟹可监测水质，提高稻米品质。

胭脂稻展示

供稿人：北京市种子管理站　福德平、张连平、窦欣欣、牛　茜

（五）八棱脆海棠的推广

八棱脆海棠征集自延庆区香营乡新庄堡村。树体强健，耐寒、抗旱、抗病虫、耐贫瘠、寿命长，果实外观艳丽，耐贮存，具有较高的食用价值。树冠紧凑、树形漂亮，兼具较高的景观价值。该份资源的突出优点是果实肉细、脆嫩、汁多、酸甜适度、口感较好。该资源入选"2019年十大优异农作物种质资源"。

资源保存者周顺海为延庆区香营乡人，1980年开始做果树栽培，建立金剪子果树修剪专业服务队，为周边果农提供果树栽培、修剪、病虫害防治等专业技术服务，并为北京市林业果树科学研究院建立的杏资源圃提供服务。15年前开始海棠资源收集，建有海棠资源圃50亩左右，收集海棠资源50余份，发现脆海棠资源后，经过多年持续更新，优中选优，得到稳定材料。

香营乡深入践行落实"两山"理念，保持农业特色产业发展定力，因地制宜栽种八棱脆海棠，全力创品牌、广宣传、拓市场，小海棠助力乡村振兴，铺就村民增收致富的"幸福路"。香营乡采用"党支部+合作社+农户"合作经营的模式，坚持党建引领绿色产业发展，充分发挥基层村党组织战斗堡垒作用和党员先锋模范作用，自2020年开始推广种植海棠800亩，分布在北山带向阳坡下的香龙路沿线香营村、下垙村、黑峪口村三村，这里空气质量位居北京市前列，白河堡水库水流绕乡而过，阳光充足，昼夜温差大，病虫灾害少，适合果实糖分积累，出产的果品口味是出了名的好。

香营乡着眼于培育"一乡一品"特色农业产业，提前谋划品质、品牌、营销等环节，2022年举行了以"丰美延香金秋海棠"为主题的丰收节暨延香系列品牌推介会。

创建"延香"系列特色农产品品牌，纳入延庆区"妫水农耕"区域公用品牌，以"延香脆"为商标，设计甄选八角礼盒包装，使礼盒海棠成为延庆区2022年度网红旅游伴手礼。

通过现场采摘，入驻京东商城、北京电视台生活商城、长城内外等线上平台销售，线上线下收入14万元，村集体通过种植玉米和林下套种萝卜、蜜薯等适度规模经营，实现经营收益136万元。海棠园内还解决了附近村40多人的就业，人均年收入超过2万元。

未来，香营乡继续坚持"高标定位、整体规划、分步实施、小步快跑"的特色产业发展总路线。着眼于辖区丰富的文旅产业资源，深化农业和文旅产业融合发展，通过挖掘精品民宿、景区景点等途径，大力推广八棱脆海棠及其加工产品，延伸产业链，进一步提升产业价值，助力乡村振兴。

八棱脆海棠展示

供稿人：北京市种子管理站　福德平、张连平、窦欣欣、牛　茜

三、人物事迹篇

（一）护好一粒种　守好天下粮

——北京农作物种质资源的守护者　北京市种子管理站窦欣欣

我们的普查工作如何开展？普查队、调查队到区里找谁对接？普查数据到哪里找？这份种子算不算资源？种子和接穗交到哪里？如何核对汇总上报我们的数据？……

这一连串问题的提问者，有我们的普查队员和调查队员，有区里的基层工作者，还有我们的农民。每一个问题都需要窦欣欣的思考与解答，这不仅因为北京市种子管理站是北京市第三次农作物种质资源普查与收集行动的领导办公室，负责统筹推进全市普查工作，更因为窦欣欣是本次普查工作人员中，唯一种质资源科班出身，并且参加过农业生物资源系统调查工作的专业技术人员。

1. 坚实牢固的专业基础开启资源保护的大门

窦欣欣，北京市种子管理站品种登记科科长，农艺师，硕士研究生，2010年毕业于中国农业科学院研究生院。硕士在读期间，她就跟随导师李锡香研究员从事蔬菜种质资源研究工作，进行蔬菜核心种质构建与优异种质资源鉴评，见识了丰富多样的各类蔬菜资源，练就了扎实的基本功。

2008年，窦欣欣有幸作为一名调查人员，参加了云南及周边地区农业生物资源系统调查，与果树、作物、畜牧、中草药等各行业专家组成调查队，深入云南省罗平县，进行了为期一个月的考察。

2019年，北京市按照国家统一部署，启动了第三次农作物种质资源普查，窦欣欣所在的单位就负责全市普查工作的统筹、推进、协调、指导。时隔11年，当年的调查队员变成今天的行动组织者，窦欣欣重操旧业，背起行囊，带领普查队走村入户，收集资源。

2. 吃苦耐劳的工作态度铺就资源普查的坦途

从研究制订工作方案到带领普查队、调查队到各区座谈对接工作，从组织专家培训授课到亲自上阵为全市普查人员讲授工作要点，从翻山越岭进村入户征集资源到繁殖材料分类整理提交、数据核对上报，普查的每一个环节，每一步路，窦欣欣都参与其中，亲身走过。

周密的部署计划、顺畅的沟通协调、热情的服务指导，把11个普查区的基层工作人员和北京市农林科学院、北京农学院、北京农业职业学院的专家教授凝聚在一起，各单位分工明确、相互配合，普查工作整体推进有力、有序，实现了"实地调查有人管，入户收集有人带"，让普查与收集有的放矢、事半功倍。

2020.07.30 密云区

2020.07.22 延庆区

2020.07.28 平谷区

2020.08.11 怀柔区

2021.04.29 北京市种子管理站

资源征集与分类整理

清晨踩着露水下地收集,夜晚伴着灯光整理数据,3年间,窦欣欣和全市普查队的工作人员一同穿梭在料峭寒风中,行走在烈日酷暑下,对全市11个普查区108个乡镇178个行政村进行走访调查,在北京市这样一个农业现代化水平高、城市发展速度快,资源遗存量少的大都市,圆满完成了本次资源普查与收集任务。

顺义康熙贡米"前鲁大米"、怀柔"青谷子"、房山"大米豆"、门头沟"大披头高粱"、密云"伏黄豆"、昌平"野高粱"、大兴"野玉米"、平谷皇家贡品"红芽香椿"等一批地方特色优异资源被发现,为今后品种选育提供了资源储备。

3. 坚定不移的理想信念筑牢天下粮仓的根基

中国科学院院士吴征镒曾说:"一个物种影响一个国家的经济,一个基因关系到一个国家的兴盛。"农业生产离不开品种,品种离不开种质资源。十年种业工作的积淀,万里普查路上的艰辛,让窦欣欣充分理解了什么叫:粮安天下,种筑基石!

由于新品推广、生态环境破坏,大量地方品种和野生资源逐渐消失,而收集保存这些种质资源是守住粮食安全的最后一道防线。种子安全有保障,中国的粮食安全才有保障。2022年3月6日,习近平总书记说:"种源安全关系到国家安全,必须下决心把我国种业搞上去,实现种业科技自强、种源自主可控。"做好种质资源普查和保护是打好种业振兴战的第一仗。

身为种业工作者,窦欣欣虽感到肩上责任重大,内心却也充满职业自豪感。每一次接过农民递过来的种子,或是几十粒瓜种、或是几穗玉米、或是一小袋豆子……捧在手里虽然没什么分量,而肩上却似有千斤重担,她深知,自己捧起的是农民代代传承守护品种资源的无私奉献之心,自己守护的是一份份国家宝贵的战略资源,更是筑牢天下粮仓的基石。

如今,第三次农作物种质资源普查行动虽然告一段落,但资源保护工作永不落幕,窦欣欣依然和资源管理科的同事们一同致力于北京市的资源保护工作,不负期待,不负韶华,在自己的职业蓝图上画上浓墨淡彩的一笔,恣意书写对资源保护工作的热爱与执着。

带领普查队到各区开展工作

组织各区召开协调会、座谈会

供稿人：北京市种子管理站　窦欣欣

（二）默默无闻，做资源进入国家宝库的传送带

——北京市种子管理站王仲

王仲，北京市种子管理站高级农艺师，2005年毕业于中国农业大学。农业领域工作近20年，北京市大大小小的蔬菜生产基地他都了然于胸，但此次参与的第三次全国农作物种质资源普查行动，对于王仲来说却是一项既熟悉又陌生的工作，熟悉的是资源普查需要继续深入京郊的田间地头，陌生的是从未接触过种质资源，是一项全新的挑战。接到任务后，王仲一边深入学习种质资源、植物分类等相关知识，一边和同事们一起组织带领各区开展普查工作，陪同专家入户走访，从资源征集到信息录入，从繁殖材料梳理到联系库（圃）提交资源，从信息核对到数据上报，每一个环节都亲历其中，3年普查，铸就了一个全新的种质资源保护工作者。北京市征集的300余份资源，无一不是通过他提交至国家库（圃），北京市普查征集的数万条数据，无一不是经过他核实后上交普查办，他默默无闻做着资源进入国家宝库的传送带，为摸清北京种质资源现状，为守护每一份珍贵资源，为打响种业振兴第一仗默默奉献。

1. 当好助手，做历次普查行动的联络员

普查共涉及北京11个区，路途遥远，多数资源分布于山区的偏远村庄，为保证普查队能够以最优路线走访到更多的农户，收集到更多资源，每次普查行动前王仲都会根据各区上报的资源分布情况与北京市农林科学院、北京市农业职业学院、北京农学院的专家沟通，并和调查区、镇的带队向导提前确定行程线路，联系农户，同时，及时关注天气情况，避免各种风险。尽管山区的沟多、岭多，但在王仲的精心组织下，普查队每次都能走最短的路线，访问最多的村，从来不走冤枉路，极大地提高了工作效率。

2. 迎难而上，努力完成普查工作任务

作为第三次全国农作物种质资源普查人员，王仲深感自己责任重大，在普查中不惧艰难险阻，为了获得宝贵资源深入大山深处不断搜寻。记得在怀柔区喇叭沟门满族乡、长哨营满族乡、汤河口镇的调查中，距离城区200多公里，路途遥远，山路崎岖，所调查的资源种类众多，需要连续在山里调查两周，恰巧那几天气象台发布暴雨预警，给普查工作带来了不小的麻烦，但是为了顺利完成工作，王仲和普查队员等雨一停就马不停蹄地在当地向导的带领下，踏着泥泞的道路，进村入户，深入田间地头收集资源。恶劣天气并没有阻挡住普查队员的脚步，满满的收获让组里的每一名队员都忘记了这几天的艰辛，王仲和普查队员走遍了怀柔区北部山区90%以上的行政村，总行程近1 000公里，挨家挨户走访，生怕漏掉一份珍稀资源，征集到包括高粱、黍子、核桃、野生猕猴桃等珍稀资源。让王仲记忆深刻的是在怀柔区喇叭沟门满族乡四道穴村，天已经下起了雨，本来已经结束了一天的调查，队员们正准备往回走，这时，在泥泞的地里无意发现了一个紫色外皮的薯块，外形像红薯，但个头又比红薯小，王仲马上捡起来折回村里挨家挨户向村民们咨询这是什么。原来这是四道穴村和胡营村特有的紫皮山药（紫皮白肉马铃

薯），中华人民共和国成立前，由于生活艰苦，在当地曾大量种植，当作主粮充饥。功夫不负有心人，经过详细的询问，王仲还了解了紫皮山药的生长习性、主要特征、栽培特点以及食用方法等信息，并获得了繁殖材料。完成了一天的工作，他回到住宿地已经很晚了，身体虽然已经疲惫，但内心依然无比兴奋，意外的收获更是让人久久不能平静，希望第二天能有更大的收获。

3. 认证梳理，完成资源移交和数据提交

普查工作有大量的数据需要录入校准核对，每个普查区的3份普查表，王仲都仔细检查，对不确定的信息及时询问更正；每一份资源的征集表和照片，王仲都认真核对，按照要求分类整理；每一份资源的种子，王仲都小心整理，附上标签，扎好袋口。在移交资源繁殖材料的过程中，王仲反复和国家库（圃）沟通确认，种子和编号核对了一遍又一遍，生怕弄错一份资源。此次普查征集到了大量的果树资源，果树的繁殖材料要在每年的一二月采集枝条，邮寄至对应的国家种质资源圃，王仲不厌其烦地反复和各接收圃确认枝条是否成活，未成活的资源他一一记下，待到来年，他又亲自到各个采集区采集枝条，提交给相应的资源圃。他的不厌其烦，他的默默付出，只为大家辛苦征集到的珍贵资源能够鲜活健康地进入国家资源宝库。

第三次全国农作物种质资源普查与收集行动已经完成阶段性任务，能参与这项功在当代、利在千秋的行动让王仲倍感骄傲和自豪。资源保护工作永远不会停歇，王仲将和同事们继续奋斗，为保护我国的种质资源踔厉奋发，勇毅前行！

供稿人：北京市种子管理站　王　仲

（三）护好一粒种　实现"科技粮"

——北京市农林科学院易红梅

易红梅，北京市农林科学院玉米所分子检测中心副主任，在第三次全国农作物种质资源普查与收集行动中，协助组长组织、协调、调动调查人员开展走访调查收集等工作，在系统调查和资源收集工作中积极努力、认真负责、兢兢业业，圆满完成系统调查与收集的各项任务指标。

1. 用责任收集每一粒种

为了做好资源的系统调查和收集工作，易红梅对全市农作物种质资源分布和相关情况进行了全面调查，对普查摸底情况进行了分析，与组长和调查队员认真讨论确认了夏秋季节田间重点作物，明确每一次调查的目标和任务。在全面协调开展种质资源系统调查和地方珍稀特色资源调查保护收藏工作的同时，为收集到更具有价值的信息资料和资源样品，查阅、整理了大量的北京市种质资源相关的资料，向老专家、老技术员多方咨询，确保北京市的特色种质资源能得到有效的保护。

2. 不断创新工作方式

在组织全体队员开展首次系统调查工作后，及时总结经验，优化后期调查方案。每次调查前，都与当地向导和技术人员充分沟通，明确资源类型和调查路线，根据实际情况组织调查队集中调查，大幅提高了调查工作开展效率。为了提高基层人员参与积极性，制定了相应的奖励制度，大幅提高了基层人员和民众的参与度。

3. 为全体人员做好后勤保障

为保证资源调查与收集人员的安全，做好各项后勤服务保障。包括为工作组成员和临时调查人员购买保险，为每一次调查配备专业的野外考察车辆，协助组长为调查组成员配备调查装备与物资。先后组织调查和收集行动46次，在每一次外出调查之前，查阅当地的天气情况，避免在山区调查的各种风险，在调查人员出发和返程时，每次都一一确定人员的安全情况。在外出调查期间，做好大家的餐食、饮水的安排，让所有调查人员不仅工作有保障，还能感受到集体的温暖。

4. 用科技护好每一粒种

组织玉米、小麦、蔬菜、谷子等作物开展收集种质资源的田间鉴定和DNA指纹"身份证"构建。北京市农林科学院在品种DNA指纹鉴定方面积累了大量的经验，在本次种质资源调查与收集行动中，对收集的种质资源，采用DNA指纹技术为每一份种质资源构建DNA指纹"身份证"，为今后种质资源的保护与利用奠定基础。

供稿人：北京市农林科学院玉米研究所　易红梅

（四）对种质资源满怀情感，终身呵护

——北京市农林科学院刘庞源

刘庞源，硕士，副研究员，1988年以来一直从事蔬菜种质资源收集保存、评价利用及资源信息化管理方面的研究工作，至今已有30多年，对资源收集保存工作情有独钟，满怀情感，视每一份资源为珍品，细心呵护。多年以来，默默无闻，埋头苦干。

2019年开始接到资源调查任务，刘庞源心情无比激动，多年没有进行过大规模的资源普查了，对北京市的地方品种资源了解还是30年前的事情了，随着农业的发展，农民生活水平的提高，有些珍贵的老品种还在不在？还有多少种植面积？这些一直是刘庞源脑海里存留的问题，2019—2021年针对北京市平谷区、怀柔区、大兴区、密云区、延庆区5个区展开地毯式资源调查，内心充满了期待。

资源调查工作不仅要根据不同种类农作物生长时间及种子收获时期来进行，还要根据地理位置、天气、人员等综合因素来进行，所以在行动之前要做大量的资源摸查探底的信息收集工作。刘庞源不仅对部分乡镇的技术管理人员针对收集作物种类范围、收集标准、收集规范操作进行讲解和培训，还与各郊区的种子管理站及各村镇农业技术员沟

通，挨家挨户进行询问有什么品种，什么时间种植，什么时间收获，收集各种各样信息后再进行汇总，这部分工作虽然耗费了大量的时间和精力，但这样保证整个工作顺利有效，有的放矢地进行，避免了两眼一抹黑，瞎跑乱撞浪费人力物力资源。

记得有一次密云区冯家峪镇，这里距市区近百公里，属于山区，道路狭窄，弯弯曲曲，刘庞源与同事们行驶在群山环绕中间，虽然路途劳顿，但也体会到农民耕作的辛苦，来一次不容易，就想把附近几个村都走一遍，对有线索的农户挨家挨户地进行走访，回来时又赶上风雨交加，道路漆黑，但内心充满喜悦，收获满满，虽然到家时已经晚上十点多了，但并未感觉到劳累，第二天还继续承担着工作。

还有一次收集调查让刘庞源非常感动，刘庞源和种子管理站人员一起来到平谷区熊儿寨乡魏家湾村，这是一个偏远的山区，群山环绕，刘庞源和管理站人员按照线索，每到一个地方都挨家挨户排查，想把这个地方的品种尽量摸清，收集保护起来。到了只有老两口的一家，他家有一个萝卜品种，种了有三四十年了，正值种子收获季节，看到院子里墙上挂满了萝卜种子，刘庞源立即对这份资源充满了期待，详细地咨询这份萝卜的主要特征，萝卜肉质根长约30cm（山区土壤种植可能影响肉质根的长度），上面红色，下面白色，口感甜面，水分充足，萝卜辣味少，这份资源可以为萝卜育种提供优异基因，刘庞源一项一项填写完信息，已经快到下午一点了，农民大妈看我们工作太辛苦，顾不上吃中午饭，非得让刘庞源和管理站人员拿上她烙好的葱花饼，他们推脱不掉只好拿上热腾腾的葱花饼，心里非常感激，体会到农民的那份热情和淳朴，感觉工作再辛苦也值得。

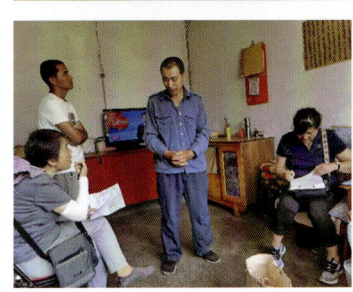

农作物种质资源调查过程展示

除了收集调查工作，刘庞源还承担了资源普查鉴定任务，这更是一项需要细心、不惧烦琐的任务，把部分收集来的资源进行田间鉴定，在收集过程中虽然采集到不少农民认知的信息，但刘庞源和管理站人员还要用科学的方法进行精准的科学鉴定。把79份资源进行分类，根据不同作物种植需求进行植物学精准科学的田间鉴定，共采集2 400余条数据及240余张植株及种子照片，为资源保存提供可靠的数据支撑。

就这样刘庞源在对北京市周边延庆、怀柔、大兴、密云、平谷等区进行资源普查行动中，走访20余个乡镇，36个自然村，行走近4 000km，深入农村，向农民取得第一手材料，调查信息填报汇总，资源登记入库，提交国家普查办公室，完成北京市总任务400份当中的324份，采集一万余条数据信息及近700张照片，所付出的辛苦和努力都体现在这珍贵的第一手资料中，有效地保护了北京市地方品种，使濒临灭绝的作物种质资源得到保护，使优异基因在未来的种业发展中得以延续，为中国的种业发展提供真实可靠的基础。

资源收集保存及管理是一项纯基础的研究工作，平凡而辛苦，对中国农业的发展确实有长远而深刻的意义，刘庞源在第三次全国农作物种质资源普查与收集行动中做到了一个资源研究工作者应该尽到的责任和义务，默默无闻，踏踏实实做好每一项工作，劳累并快乐着。

供稿人：北京市农林科学院蔬菜研究所　刘庞源

（五）穿山越岭觅种质，走村串户为普查

——行走于乡间的资源普查员　北京农学院韩芳

"韩老师，我们这里抱蛋葱的种子已经收集好了，青麻和大麻子长势也不错，一个月前发现的草苜蓿不知道有没有征集价值？"这是北京市延庆区大榆树镇全科农技员李宪荣打来的电话。"韩老师，我们这有茄子老品种，粉色的，苗子刚要栽，抗病能力强，自留种。"同时，为了资源普查拉的微信群里不断有老乡发来照片，永宁镇狮子营村张利民发的绿油油开着黄花的"芥辣子"是当地的特优品种，让延庆区种子站站长贺景林感慨这个"熟悉又陌生的名字"。

1. 用耐心与热心扎根农村

韩芳，北京农学院文法与城乡发展学院院长，副教授，管理学博士，毕业于中国农业大学人文与发展学院，任北京乡村振兴研究基地副主任，中国社会工作教育协会农村社会工作专委会常务理事。长期从事农村发展与管理、农村社会工作教学科研及社会服务工作。北京农学院文法学院在本次种质资源普查工作中负责查阅各区县志资料，摸清行政区划、经济社会、种植结构等历史变迁。组建专门队伍深入11个普查区，在各区普查队伍的协助下开展农作物种质资源普查和征集工作。从2019年开始，韩芳作为3年普查表的填写工作承担者，从负责延庆一区扩展到北京市11个区，带领北京农学院文法与

城乡发展学院师生团队足迹踏遍11个区，哪里有老种子线索就到哪里，开展调查走访，寻找蛛丝马迹，探寻历史记录，资源普查成为她的一项重要工作，时刻关注种质资源的征集和文化遗产挖掘。

2. 以走访与普查不断探索

2019年7月23日，北京农学院文法与城乡发展学院院长韩芳、北市种子管理站主任科员徐淑莲一行6人组成的普查组，来到延庆区种子管理站开展农作物种质资源普查与征集调研工作。韩芳耐心细致地讲解了农作物种质资源普查与征集的目的、意义，就工作内容做出分工。当地村民介绍了延庆区野生猕猴桃、延庆槟子等资源，希望通过此次普查与征集，它们得到良好保护和发展。2019年5月14日，北京市园林绿化局产业处钟翡找到韩芳老师，他们接到延庆区八达岭镇帮水峪村党支部书记的电话反映当地八棱脆海棠品质好，历史悠久，如果再不保护担心会失传，普查组立即到延庆区八达岭镇帮水峪村对该村仅存的几十棵传统八棱脆海棠进行现场考察，听取了相关情况介绍；随后又到香营乡东白庙村农技员张石宽家中，考察了其自留种的红谷子、白谷子、红黍子、白黍子和黑芸豆等资源。

韩芳在普查工作中逐渐摸索经验，从一个对种质资源不了解的文科"小白"慢慢成了普查能手，听到哪里有老种子或者老庄稼把式，立刻两眼放光，如获至宝，千方百计到农户家里打破砂锅问到底，写到普查表和普查日记中。从2019年至今，韩芳所有的寒暑假都投入普查工作中，带领团队跑遍市区图书馆和档案局、查阅乡镇农业农村局、民政局及村史村志，一遍遍到老乡家里详细询问和核对资料，竭尽所能做到严细实，填好普查表。

3. 以奉献与坚持久久为功

3年下来圆满完成普查任务，韩芳存有几百个村民的微信，尽管平时工作繁重，但是只要有村民发来种子信息或者有一些种植技术问题，立刻耐心回复或去请教植物科学学院和园林学院的专家，第一时间帮助村民解决问题，慢慢地成了村民的"义务咨询员"。韩芳表示，普查工作中收获颇丰，除了完成普查表和资源征集工作，最让普查员们感动的是村民对老种子的情怀。村民觉得有保护老种子、百年果树的责任和义务，这些都是中华民族宝贵的资源，里面有深厚的文化底蕴和记忆。而韩芳自己也会不忘初心，矢志造福"三农"。

韩芳与村民的合影

供稿人：北京农学院　韩　芳

（六）广泛宣传　踏实工作　应收尽收做好农作物种质资源普查

——北京农业职业学院李志强

农业种质资源是保障国家粮食安全与重要农产品供给的战略资源，是解决现代种业"卡脖子"难题的物质基础，是打好种业"翻身仗"的第一仗。随着工业化城镇化进程的加快、气候环境的变化，以及农业种养方式的转变，农作物种质资源、野生近缘植物群体数量和区域分布发生很大变化。摸清种质资源现状"家底"，并采取有针对性的措施予以妥善保存，对提升农业竞争力至关重要。

为进一步做好第三次全国农作物种质资源普查与收集行动工作，2019年至今，北京农业职业学院园艺园林学院李志强教授带领团队深入北京市11个区开展农作物种质资源收集工作。

农作物种质资源普查与收集是专业性、技术性较强的工作，做好资源普查工作必须尊重科学、尊重规律，全面系统谋划，精准有效推进。为做好前期准备工作，李志强教授多次参加北京市农作物种质资源普查与收集行动启动会暨培训班、工作调度会、行动协调会，学习北京市农作物种质资源普查与收集工作方案与技术要点，理清思路，制定团队具体实施方案和工作计划。

1. 广泛宣传，增强意识

在农作物种质资源普查与收集过程中，李志强教授一直致力于开展种质资源保护的宣传教育，使大家意识到农作物种质资源是农业科技原始创新、现代种业发展的"芯片"，是保障粮食安全、建设生态文明、支撑乡村振兴、满足国民营养健康需求的战略性资源。

在沟通宣传的形式上，更是采用了线上线下双管齐下，尤其是疫情防控期间不见面传递样品，保护老品种的故事，要深度挖掘品种种植、品种延续和品种自身的故事。反复强调种质资源普查与收集工作的重要性、紧迫性，不仅提高了农民对种质资源的重视，更提醒育种工作者要注意利用栽培植物的野生或半野生的亲缘种，因为这些野生种质与目前的栽培种（品种）相比，在农艺性状，特别是在丰产性方面稍有逊色，但它们具有遗传的多样性，对一些自然灾害具有特殊的抵抗力，或在某一性状方面具有特殊价值的种质，这些"零金碎玉"有时正是品种改良求之不得的优质种质。

2. 踏实工作，恪尽职守

蔬菜学专业出身的李志强教授，不仅拥有扎实的专业理论知识，更是一位喜欢实践应用，深入生产一线的实干型专家，本次普查涉及范围广、时间长，任务十分繁重，李志强教授秉持认真负责的态度，时刻谨记自己作为技术专家的责任，在普查与收集工作中踏实工作，恪尽职守。

近年来，李志强教授走遍了北京市各个区，欣赏过延庆区八棱脆海棠的艳丽，聆听过平谷区佛见喜梨的传说，每一次晨曦里出发都满怀期待，暮晚中归来都收获满满。针对当地特色农作物种质资源,详细了解其资源特点、保存现状、产业化开发等方面情况。

3. 应收尽收,应保尽保

四年时间,李志强教授带领团队对北京市11个涉农区的农作物种质资源开展全面普查,对珍贵种质资源进行抢救性收集并建立种质资源数据库。本次普查工作共计收集467份种质资源,于2021年1月26日顺利与北京市种子管理站和北京市农林科学院完成了移交转运工作,共计移交214份农作物种子,包括粮食作物、蔬菜、果树和经济作物。其中,在延庆区收集到的八棱脆海棠,耐寒抗旱、抗病虫,果实外观艳丽,兼具食用价值和景观价值,被评为"2019年十大优异农作物种质资源"。

本次农作物种质资源普查与收集工作充分发挥农业专业人才优势,摸清资源家底,有效收集和保护北京市11个区珍稀濒危资源,实现应收尽收、应保尽保。

作为一名农业技术专家,李志强教授在本次北京市农作物种质资源普查与收集工作中兢兢业业,走访上百个村,与农民耐心细致的沟通交流,不仅自身技术过硬,而且培养出一支能吃苦、懂协作的专业团队,最终高效完成任务,真正做到今天多一份努力,后代多一份资源。

农作物种质资源普查过程展示

供稿人：北京农业职业学院　李志强

（七）战疫抗暑　勤奋工作为农作物种质资源普查作贡献

——北京农业职业学院韩振芹

农作物种质资源是农业科技原始创新、现代种业发展的核心"芯片"，是保障粮食安全、建设生态文明、支撑乡村振兴、满足国民营养健康需求的战略性资源。一定要对古老、特有、特异作物地方品种和珍稀、濒危作物野生近缘植物资源进行保护，中国人的饭碗任何时候都要牢牢端在自己的手上。2020年7月至2021年12月，韩振芹参与完成了北京市农作物种质资源普查与收集工作，对本市11个涉农区开展了各类农作物种质资源的全面普查。

1. 普查工作

自2020年7月22日在延庆区开始了2020年种质资源普查的第一站，历时3个月，行程1万多公里，以平谷区收集成熟种质资源为节点完成了前期种质资源采集工作，在采集过程中，针对第三次全国农作物种质资源普查与收集行动种质资源征集表里的内容，每天回来后要针对每一种作物按照表格把每一项内容完整准确地记录下来，在这个过程中，与北京市种子管理站、各区种子管理站工作人员密切合作，充分体现了团队的合作精神，圆满地完成了前期收集工作。本次采集11个区共计467份种质资源。

2. 种质资源收集与分类

收集回来后，针对一些种质资源极少、珍稀濒危作物野生近缘植物的30份种子进行了整理分类，并于2020年10月中旬交给北京市种子管理站去海南进行繁殖，自此开始进行种质资源分类整理，每一份种质资源分成两份，送至北京市种子管理站和北京市农林科学院各一份，在这期间克服了人员少、样品杂、时间紧、任务重的重重困难，于2021年1月26日顺利与北京市种子管理站和北京市农林科学院完成了移交转运工作。共计移交214份农作物种子。

3. 种质资源相关信息录入与归档

在分类整理的同时，使用"农作物种质资源普查与征集数据填报系统"进行电脑录入，准确录入467份北京市农作物种质资源及1 000余份相应的照片。同时对相关资料进行整理归档。从在各区村田间地头收集资源、照相留存到后期整理命名，每一个环节都不能马虎，出现问题及时跟各区种子管理站沟通、补救，终于高质量圆满完成任务。

4. 取得的主要成果

（1）农作物种质资源普查和收集方面。

查清了467份北京市粮食、经济、蔬菜、果树、牧草、绿肥等栽培作物、地方特色老品种的分布范围、主要特性，以及农民认知等基本情况。

基本查清了30余份重要作物野生近缘植物的种类、地理分布、生态环境和濒危状况等重要信息。

调查清了各类作物的种植历史、栽培制度、品种更替等情况，分析了社会、经济和环境变化对农作物种质资源演变趋势的影响。

征集北京市古老、特有、特异作物地方品种和珍稀、濒危作物野生近缘植物的种质资源，填写《第三次全国农作物种质资源普查与收集行动征集表》。在门头沟区、房山区、大兴区、平谷区、怀柔区5个农作物种质资源丰富的涉农区，进行各类作物种质资源的系统调查。抢救性收集各类栽培作物的古老地方品种、种植年代久远的育成品种、重要作物的野生近缘植物以及其他珍稀、濒危作物野生近缘植物的种质资源。填写《第三次全国农作物种质资源普查与收集行动调查表》。

（2）农作物种质资源鉴定评价和编目保存。

在适宜的生态区域，对征集和收集的农作物种质资源进行繁殖和基本生物学特征特性的鉴定评价，经过整理、整合并结合农民认知进行编目，入库（圃）妥善保存此次收集、征集到的各类农作物种质资源467份。

（3）农作物种质资源数据库建设。

系统整理了全市种业科研院所、企业及个人已保存的，此次行动普查与征集和系统调查与抢救性收集的农作物种质资源数据信息，建立了北京市农作物种质资源数据库。按照有关规定开放共享。编写北京市农作物种质资源普查报告、系统调查报告、种质资源目录和重要农作物种质资源图集等技术报告，研究北京市农作物种质资源保护措施与可持续利用模式，提出了政策建议。

（4）农作物种质资源保护性开发。

结合精准扶贫、乡村振兴等工作部署，对具有重要潜在市场价值的"京味"乡土资源进行提纯复壮、挖掘利用和开发推广。交流引进其他省（区、市）优异地方特色种质资源100份，在北京市开展种植评价，从中筛选出适宜北京市的农作物种质资源进行推广利用。

在这项工作中，韩振芹克服疫情影响、上班冲突的种种困难，每次进行调查和收集都做到了充分准备、合理利用时间，不影响当地百姓正常工作、生活。这次普查与收集工作使韩振芹对北京市农作物种质资源有了充分的认识，体会到了对农作物种质资源保护的必要性、紧迫性。在调查和收集过程中，韩振芹被当地农民对种质资源的保护意识和农业情怀深深感动，也对他们的资源保护意识由衷地感谢。

供稿人：北京农业职业学院　韩振芹

四、经验总结篇

北京市在普查行动中总结的成功经验

通过大力宣传种质资源保护与可持续利用的意义,各级政府与广大市民充分认识了农作物种质资源保护的重要性,普查行动中,各区妙招频出。

1. 市区联动,相互配合,统筹推进

普查工作得到了各区农业农村主管部门、园林绿化部门的高度重视。各区因地制宜制定了工作方案,普遍构建了以区农业农村局局长为领导小组组长的普查领导小组工作机制,并建立了相应的联络员机制、工作对接机制和安全保障机制。在全市普查领导小组办公室的统一协调下,市区两级普查单位分工明确、相互配合,形成了市、区、镇、村四级工作机制,先由各区普查工作人员组织辖区内各乡镇农技人员对各村资源进行摸底,初步整理农户上报资源信息,后由普查队和调查队根据各区汇总资源信息,调配相关专业人员开展具体工作,普查工作整体推进有力、有序,实现了"实地调查有人管,入户收集有人带",做到普查与收集有的放矢、事半功倍。

例如,怀柔区农业农村局在接到任务的第一时间召开了工作部署会,研究制定具体工作方案,举办培训班。在开展具体工作时,因地制宜,克服重重困难。由于普查工作涉及1956年、1981年、2014年3个时间节点的信息填报,普查队与怀柔区农业农村局相关负责同志查阅了怀柔区档案局、统计局、图书馆2000年版《怀柔县志》和2010年版《北京市怀柔区志(1991—2010)》等资料,初步完成了填写工作,而后又在农业信息中心帮助下完成了1956年和1981年的普查工作,内容相对完整。面对工作人员普遍没有普查经验的困境,普查队简化了表格,并通过座谈会等方式召集各乡镇的调查联络人发挥主观能动性,发动群众尽可能多征集资源线索,最后怀柔区征集资源118份,系统调查资源90份,均超额完成任务指标,普查成效显著。

2. 专家响应,群众参与,广泛收集

此次普查工作得到了农业专家和热心群众的积极响应与广泛参与,他们提供的丰富

专业知识和经验储备，使得普查成效更加显著，一些退休农业专家和热心农民自发成为资源守护者，将自己收集并珍藏数十年的宝贵资源交给普查队。

延庆区原种子管理站品种管理科科长郭进旺在农业领域从业近30年，是土生土长的延庆人，对当地种质资源如数家珍；果树专家王虎对延庆区稀有濒危果树资源颇有研究，这些专家都积极参与普查工作，详细介绍资源状况，并提出保护利用建议；平谷区彭晓林，退休前曾任平谷区东高村镇农业服务中心主任，长期从事农业技术推广工作，他是一位菜豆收集爱好者，此次普查中他一个人提供了10余份种质资源；怀柔区汤河口镇银河沟村李淑娥家里的大白菜、青谷子和菜豆都是世代传承下来的优质农家种，李淑娥和她的家人都表示会将这些优质资源代代相传；怀柔区汤河口镇后安岭村郭宝来和穆蓉江两人十分注重老品种的保存，家里的谷子、高粱和玉米都是老品种，每年收获的种子都会细心地封存在干净的矿泉水瓶中以备翌年播种，见到普查队后，郭宝来激动地说："这些老品种早就应该交给国家保存起来了，要不然都失传了，我一直不知道该交到哪里，今天终于等到你们来了！"

3. 创新方式，应对疫情，积极工作

普查队与调查队协同配合，高效工作，队员们结合擅长专业领域同步展开普查和调查。北京农学院文法学院的专家教授侧重于查阅文献资料、填报普查信息，北京农业职业学院园艺系的专家教授侧重于挖掘资源信息、征集资源并填报征集表，北京市农林科学院的蔬菜、玉米、小麦、谷子、果树等不同研究领域的专家则依据普查信息和资源分布信息，开展资源系统调查与收集。不同学科专家相互配合，取长补短，稳步高效推进普查工作。

2020年至今，新冠疫情不断，农村地区经常采取封控管理的方式阻断疫情传播，这也给普查行动带来不容忽视的困难。面对疫情，普查队与调查队丝毫没有懈怠，积极调整工作方式，普查行动并未因疫情停滞。各队强化组织保障，为队员配备了口罩、护目镜、手套、消毒液等防疫物资器材，保障队员的作业安全；队员们在因疫情无法实地调查期间，通过信息网络收集相关资料，利用电话、微信等方式开展线上调查，通过与村级联络员视频连线的方式开展云调查，采取村口隔空交接的方式传递资源，调查全程虽无人员接触，但顺利完成了资源调查和收集。

4. 项目带动，文旅结合，产业增效

第三次普查行动促进了乡村文旅产业发展。门头沟区、房山区、延庆区、海淀区、平谷区、怀柔区、密云区等区纷纷开展了优异地方资源的开发利用，对当地特色农业发展和乡村振兴起到重要作用，带动了农民增收、产业增效。如入选"2019年全国十大优异农作物种质资源"的八棱脆海棠，延庆区香营乡自2020年开始推广种植800亩，2022年结合品牌策划举行了以"丰美延香 金秋海棠"为主题的丰收节活动，带动产品升级，使老品种重放光彩。

5. 培养队伍，加强研究、奠定基础

第三次普查行动培养了一支资源收集保护的专业队伍。本次行动中，普查征集和调查收集技术人员84人组建了普查队伍，开展普查工作；全市各乡镇农业技术人员和各村广大农民共计252人参与到普查工作当中，为普查行动提供资源线索、贡献家中资源；北京市农林科学院、北京农业职业学院，以及市区两级农业系统工作人员160余人参加了鉴定评价工作，通过技术培训在行动中成长为北京市种质资源调查收集、鉴定评价、保护利用的主力军，为今后开展资源工作奠定坚实基础。

6. 加强宣传，增强意识，扩大范围

第三次普查行动提高了公众保护资源的意识。通过各种媒体的大量宣传报道，使普通公众了解资源的战略性地位和重要性，并通过微信有奖问卷小程序《参与资源收集，助力民族复兴》，面向社会公众广泛征集资源信息，充分调动了全民参与资源普查与保护的积极性，使资源保护意识进一步深入人心。

第三次普查行动同时带动了畜禽、水产遗传资源普查。借鉴农作物种质资源普查宝贵经验，北京市同步启动了畜禽、水产遗传资源调研与普查工作，耗时3年，基本查清了北京地区畜禽、水产遗传资源的主要种类品种、存量分布、特征特性、养殖规模、生产经营、保护开发与利用等基本情况，使北京地区农业种质资源保护与利用迈出扎实的一步。

供稿人：北京市种子管理站　黄生斌、张连平、窦欣欣、牛　茜

天津卷

一、优异资源篇

（一）蓟百年丰产油栗

种质名称：蓟百年丰产油栗。
作物及类型：板栗，野生资源。
来源地：天津市蓟州区。
种植历史：500年以上。
主要特征特性：母株为优良单株，有少量人工引种嫁接栽植。树龄超过500年，每年可以结实100kg以上，历史悠久，承载本地农耕历史传统，文化底蕴深厚，抗逆性好。蓟州地处燕山南，是我国板栗的传统主产区，栽培历史悠久，自古有特产燕山板栗，独特的自然环境造就了燕山板栗具有香、甜、糯、肉质细腻等独特风味。经学者考证，此树在天津市乃至华北境内是最早的栗树，故将此树定名为"栗树祖"。这棵栗树虽有500年以上树龄，但每年仍产果100kg以上，最多时曾达250kg。树体枝繁叶茂，郁郁葱葱，树干粗约需4个成人合抱（直径2m以上）。该资源历史悠久，实属罕见，可应用于栗树的基因进化和杂交育种研究，作为提供抗逆性和产量稳定性的种质资源，将对板栗的农艺性状挖掘起到推动作用。该资源承载着500年以上板栗种植历史，传承渔阳农耕历史文化。因为栗子有"立子"之意，人们就利用谐音来表达追求这种美好的愿望。

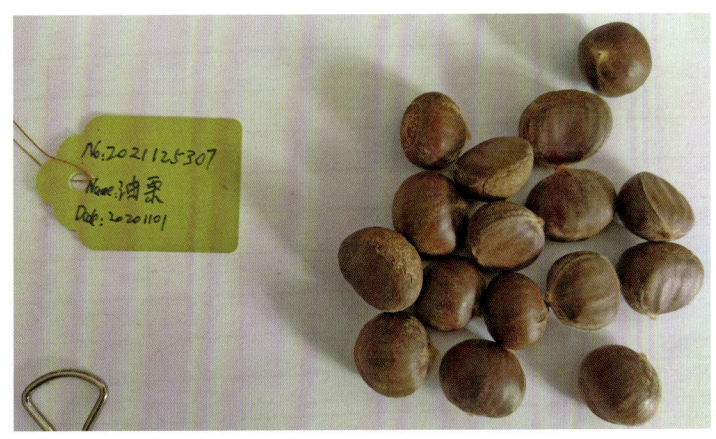

49

蓟百年丰产油栗

供稿人：天津市农业科学院林业果树研究所 刘 昊

（二）蓟州香白杏

种质名称：蓟州香白杏。
作物及类型：杏，地方品种。
来源地：天津市蓟州区。
种植历史：300年以上。
主要特征特性：果个大、无畸形、无开裂，色泽均匀、口感好、香味浓郁、甜酸适口、品质极佳，味酸甜、耐贫瘠、抗旱。香白杏是原产天津市蓟州区山区的古老品种，种植历史有300余年，其果实具有早熟、个大、外观美、品质优良的特点，经济价值较高。蓟州香白杏果实近圆形，单果重67.6～83.3g。果顶一边尖圆，正中微凹，果底平，缝合线中等深。果实不对称，梗洼中等深。果面底色黄白色，向阳面有粉红霞，皮薄而脆，易剥落。果肉黄白色，肉质细，纤维少，汁多味甜，清香浓郁，故名香白杏。蓟州香白杏品是华北地区杏中珍品。此外，蓟州香白杏资源栽植历史悠久，在长时间栽培中形成了稳定的遗传特性，为优异果树种质资源。

来源地：河北省隆化县。

种植历史：300年以上。

主要特征特性：山间小面积种植。白谷子，好吃，营养好，困难时期生小孩的妇女常吃。在小白米中毛毛亮最好吃，口感仅次于大米，所以俗称二大米。常用于做粥、散状糕、烙糕等。毛毛亮穗毛长，可防鸟，穗形似狐狸尾巴，耐干旱、耐瘠薄。低产，好地种亩产150kg左右，山坡地种亩产130kg左右。该品种目前鲜有种植。因其优质，具有特殊的谷穗外形，对自然灾害具有防御作用，具有潜在的开发和利用前景。

毛毛亮谷子

供稿人：河北省农林科学院粮油作物研究所　耿立格

（十二）羊草

种质名称：羊草。

作物及类型：羊草，野生资源。

来源地：河北省承德市围场满族蒙古族自治县。

主要特征特性：羊草抗寒、抗旱、耐碱，耐瘠薄，耐风沙，耐牛马践踏；羊草适应性特别强，在平原、山坡、沙土中都能生长。羊草叶量多，种子饱满，营养价值丰富，也耐践踏，耐放牧，各种牲畜都爱吃，特别是绵羊、山羊，所以叫"羊草"。羊草耐寒性极强，在冬季极端气温-42℃而又少雪的地方都能安全越冬。羊草春天返青早，秋季枯萎晚，生长期长，早春返青和晚秋上冻前，能忍受-6～-5℃的霜冻。对土壤要求不严,在pH值5.5～9.4时皆可生长,适宜pH值为6～8。该种质资源对培育抗寒、耐瘠薄牧草品种意义重大。

羊草

供稿人:河北省农林科学院粮油作物研究所 耿立格

(十三)家榆皮

种质名称:家榆皮。
作物及类型:金花葵,地方品种。
来源地:河北省保定市阜平县。
种植历史:100年以上。
主要特征特性:小片种植于山坡地,于6—7月播种,秋分收获。立夏时期早播不黏,籽多。株高50～80cm。黏性大,籽粒少,可食用,也可做饲料。嫩叶能炒菜、凉拌。茎空心,根、茎含有大量黏液,晒干后磨面,面黏糯,滑溜,面是白色的。加入到玉米面或者高粱面中,起到黏合作用,贫困时期,吃不起小麦面粉的人们,就能用玉米面、高粱面做出饺子、饸饹面。种植的老人已有60多岁,据描述,在老人的爷爷辈已有该品种种植。在当地只有此一家还在种植,属于稀有、特异品种。家榆皮富含膳食纤维,有助于降低热量和升糖指数,糖尿病人可食;家榆皮含有大量的植物黏液,可起到小麦粉中谷胶蛋白的作用,为天然黏性比较强的"食物胶",可作为绿色食品添加剂使用,具有潜在的利用价值和广阔的开发前景。

家榆皮

供稿人：河北省农林科学院粮油作物研究所　耿立格

（十四）酥棒

种质名称：酥棒。
作物及类型：菜瓜，地方品种。
来源地：河北省石家庄市高邑县。
种植历史：80年以上。
主要特征特性：小片种植于门前占地0.2亩，春分前后播种覆膜，6月开始收获，可摘瓜到6月底。大田夏播，与玉米间作种植0.5亩，行距1.5m，株距30cm。黑绿皮带楞，皮薄酥脆，口感好，形状像棒槌，当地叫"酥棒"。不耐运输，春天种亩产量2 500kg以上，多的年份能收4 000kg。夏天种产量会少一些，不会低太多。种植农户的爷爷当年就种植该品种，一直多年保留下来，在当地目前只

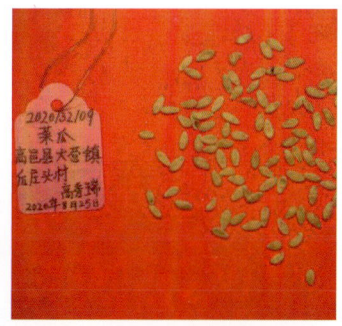

酥棒

有此一家种植，属于稀有、优异品种。另外，瓜果不含糖，逐渐得到消费者特别是糖尿病人的喜爱。产量高，效益好，该资源可以直接推广和开发利用。

供稿人：河北省农林科学院粮油作物研究所　耿立格

（十五）山黄瓜

种质名称：山黄瓜。
作物及类型：黄瓜，地方品种。
来源地：河北省唐山市遵化市。
种植历史：70年以上。
主要特征特性：利用果树爬架栽培，每亩可种植200株左右。主要在山区种植，是用粪水浸种育苗，依靠当地特有的野外山坡土质和独特的山间小气候，攀爬在果树上的一种"果蔬套种模式"。浇水用肥少，绿皮的有疙瘩，肉厚、不易老，吃起来"香、甜、脆"。瓜长15~18cm，单果重200~300g。当地也叫"山黄瓜""老蚧"黄瓜。该品种风味独特，是黄瓜品质育种的优异资源。栽培方式独特，在当地能够实现果蔬协调生长、双丰收，提高了经济效益。

山黄瓜

供稿人：河北省农林科学院昌黎果树研究所　郝宝锋
　　　　河北省农林科学院经济作物研究所　尹庆珍

（十六）二包尖白菜

种质名称：二包尖白菜。
作物及类型：大白菜，地方品种。
来源地：河北省唐山市玉田县。
种植历史：30年以上。
主要特征特性：直播或育苗移栽，种植密度4 000~4 500株/亩。当地老品种，3个月左右收，叶色翠绿色，长得中等，比较抗病、抗寒，瓷实，放到过年时更好吃，不柴，甜丝丝，长得像炮弹，顶部尖，单棵重3~4kg。该资源为地方特色品种，品质佳，热销于京津市场，作为特色供应，市场占有率高。该资源属中晚熟品种，生育期85~90d，叶色翠绿，叶球紧，纤维少，略甜，株高50cm左右，顶部尖，包心紧，抗霜霉病和病毒病。

二包尖白菜

供稿人：河北省农林科学院昌黎果树研究所　郝宝锋
河北省农林科学院经济作物研究所　尹庆珍

（十七）伞头高粱

种质名称：伞头高粱。
作物及类型：高粱，地方品种。
来源地：河北省定州市南城区。
种植历史：历史久远。
主要特征特性：种植地点一般为零散地块、田畦上、垄沟边。种植时期在6月中旬左右，种植密度3 000~3 500株/亩，生育期90~100d，株高3~4m，穗长80cm，产量200~300kg/亩。味甘、性温，富含镁，保护心血管功能；富含钙、粗蛋白、粗纤维、粗脂肪。种植户稀少，种植面积较小，一般为零星种植，没有大块种植。由于产量低、秸秆利用较少、商品性差，农民自己少量保存留种方

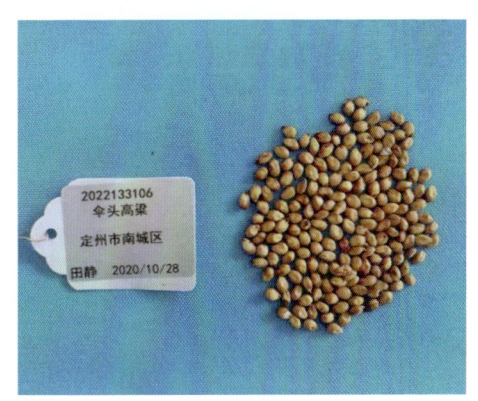

伞头高粱

式。主要用于制作笤帚、炊具、制成粮仓、打房顶等。

供稿人：河北省农林科学院粮油作物研究所　田　静

（十八）老白马牙玉米

种质名称：老白马牙玉米。
作物及类型：玉米，地方品种。
来源地：河北省保定市易县。
种植历史：100年以上。
主要特征特性：在山坡上隔离种植，附近无其他玉米品种，一步一棵苗方式种植。是地方老品种，种了三四十年了，秸秆高，有4～5m，穗大粒大，籽粒像骏马的牙齿一般，饱满、圆润、洁白，被当地誉为"庄稼之王"。做成的玉米面、玉米渣黏性好、香，颜色白，大家爱吃。穗大粒大，根系发达，抗倒性好，籽粒品质好。目前该品种已成为当地一农户网络销售的主推产品，在当地山坡采用传统种植方式，隔离种植400亩，形成了具有一定规模的产业。

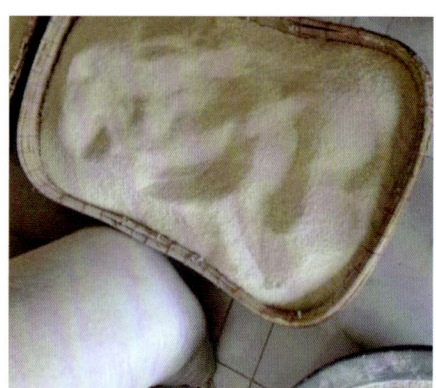
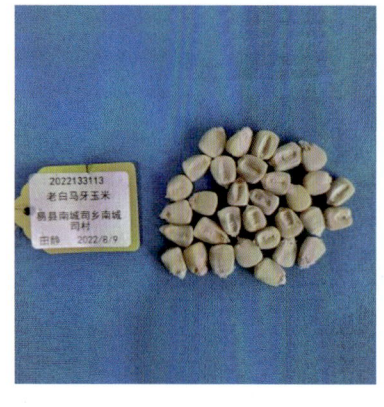

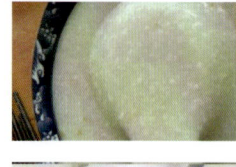

老白马牙玉米

供稿人：河北省农林科学院粮油作物研究所　田　静、王　坤

（十九）小顶胡萝卜

种质名称：小顶胡萝卜。

作物及类型：胡萝卜，地方品种。

来源地：河北省沧州市青县。

种植历史：40年以上。

主要特征特性：7月15日至8月1日播种，点播、撒播或条播，播种后90～100d采收。抗热、耐旱，净籽亩用种量0.3kg左右。红皮、红肉、红心三红胡萝卜，顶小、口感脆甜、生吃好吃，不容易抽薹，资源生命力顽强，当地人爱种。尺寸短，但吃起来硬、脆甜、好吃。可以作为三红资源及抗抽薹的一种特殊种质资源。因该资源受市场欢迎，40年来一直被提纯繁种，并作为商品名"小顶红宝石"被开发销售应用，现年销售量几十吨。

小顶胡萝卜

供稿人：河北省农林科学院经济作物研究所　尹庆珍

（二十）小尖菠菜

种质名称：小尖菠菜。

作物及类型：菠菜，地方品种。

来源地：河北省沧州市青县。

种植历史：40年以上。

主要特征特性：秋后撒播，自然越冬，春季采收，亩用种量1～1.5kg。口感好，不涩，小尖叶，种子小，冬天下雪冻不死，上市早，当地老百姓喜欢种。当地农民喜欢其耐寒性和不涩的口感，可以作为极耐寒新品种选育的一种特殊种质资源，有重要应用价值。40年来一直被提纯繁种，并作为河北昊蔬农业开发有限公司商品名"小尖叶本地土菠菜"被开发销售应用，曾年销售量几百吨。

  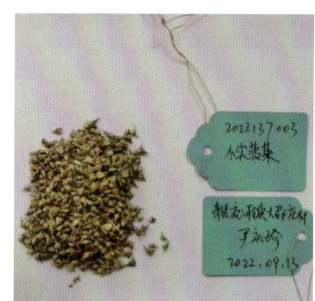

小尖菠菜

供稿人：河北省农林科学院经济作物研究所　尹庆珍

（二十一）大穗稗子

种质名称：大穗稗子。
作物及类型：稗，地方品种。
来源地：河北省秦皇岛市昌黎县。
种植历史：40年以上。
主要特征特性：农户自家庭院种植，周边2km内没有其他稗子种植。生育期150d左右，株高1.5m左右，茎秆粗壮，抗倒伏，适宜密植栽培，穗大，籽粒饱满，丰产，耐贫瘠，抗病虫能力强。该品种在当地只有一户人家种植，面积约0.1亩，属于特异资源；该品种有利于将来大面积开发、机械化作业。

大穗稗子

供稿人：河北省农林科学院昌黎果树研究所　张新生

（二十二）实生板栗

种质名称：实生板栗。
作物及类型：板栗，地方品种。
来源地：河北省秦皇岛市昌黎县。
种植历史：20年以上。
主要特征特性：板栗实生苗。山上自己长出的实生树，属于放任生长状态，粗放管理。多年观察发现这棵栗树树势比较开张，为自然开心形，叶片较周围其他板栗树大，还发现该株板栗树的1~2年生枝条向下披散，秋天板栗成熟时，结的栗子比较多。干旱时候，发现该株板栗树叶片卷曲得少，抗旱能力强；其他树被红蜘蛛吃的叶片失绿，变得白花花的，这棵树却没有红蜘蛛为害，与周围栗树相比绿得特别明显；该株栗树结出的板栗个大，45个左右0.5kg，栗子颜色红褐色，果面亮，好看，味道香甜。该品种在当地只有1株，叶片较大，为大叶片型板栗资源，属于特异种质资源。可作为板栗抗性育种材料。

野板栗

供稿人：河北省农林科学院昌黎果树研究所　张树航

（二十三）长叶野生大豆

种质名称：长叶野生大豆。
作物及类型：野生大豆，野生资源。
来源地：河北省廊坊市霸州市。
种植历史：野生。
主要特征特性：该资源是农户在小河边发现的，未进行人工种植，自然环境生长。每年4—5月自然萌发出苗，7—8月开花，从未进行任何栽培管理，11月成熟。植株高大、生长繁茂、蔓生、繁殖力强。开紫花，长叶，小黑粒，易炸荚，比普通大豆生长期长、有明显的野生资源特征。耐干旱、抗涝、抗病、抗虫；野生大豆是未经过人类选择和栽培的大豆，是栽培大豆的祖先种，是国家二级保护植物。野生大豆具有遗传多样性丰富，多花多荚，耐逆性强、抗多种病（虫）害等优良野生性状，可作为大豆优异资源深入研究和利用。

长叶野生大豆

供稿人：河北省农林科学院粮油作物研究所　刘兵强

（二十四）胭脂稻

种质名称：胭脂稻。
作物及类型：水稻，地方品种。
来源地：河北省唐山市玉田县。
种植历史：100年以上。

主要特征特性：传统种植。植株碧绿色，米粒暗红色。煮熟后，有特殊清香味，回锅三次仍有色香，米质紧实不散，俗称"三伸腰"。胭脂稻株偏高，易倒伏，穗粒少，亩产200kg左右。该品种历史悠久、存量稀少，是未经改良的古老水稻品种；该品种品质优于市场上流通的其他品种，营养价值极高，并赋予浓厚的文化底蕴，具有重要的开发前景，已成为具有文化特色的农产品。

胭脂稻

供稿人：河北省农林科学院粮油作物研究所　耿立格

（二十五）打瓜

种质名称：打瓜。
作物及类型：西瓜，地方品种。
来源地：河北省廊坊市文安县。
种植历史：100年以上。
主要特征特性：适合在湿洼、瘠薄、盐碱地种植。打瓜，因用拳打开而食和含籽量多而得名。打瓜圆溜儿个，像西瓜又比西瓜小，瓜皮有翠绿色的，也有黑绿色的，瓜皮上有黑纹，瓜瓤有红色的、粉色的、白色的、黄色的、深黄色的、浅紫色的，味道有点甜又挂着酸头儿，水儿多，清凉爽口，有的瓜瓤带沙，甘甜醇香，夏天吃清热去火。当地只有几户种植，果肉甜中挂着酸，口感好。可以作为亲本材料和普通西瓜品种进行杂交。

打瓜

供稿人：文安县种子管理站　张灵芝

（二十六）王庄大白菜

种质名称：王庄大白菜。
作物及类型：大白菜，地方品种。
来源地：河北省衡水市武强县。
种植历史：100年以上。
主要特征特性：伏后二伏育苗，12~15d移栽，不喜欢大水，一般情况下三四水，立冬收获。可食用部分多，基本不扔。每棵菜约10kg，大的可达15kg。人站上去棵棵不倒。株型硕大、口感清脆微甜，王庄大白菜已经申请注册商标"益聚王庄大白菜"，该资源有望产业化，带领村民致富。

王庄大白菜

供稿人：武强县农业农村局　陈玉强

（二十七）黄瓤西瓜

种质名称：黄瓤西瓜。
作物及类型：西瓜，地方品种。
来源地：河北省衡水市冀州区。
种植历史：50年以上。
主要特征特性：沙土地土壤，露地栽培。从种到收3～4个月，轻微盐碱地也能种，黄瓤，口感鲜甜，有药用价值。农户零星种植，根据当地老人描述，该黄瓤西瓜种植年份在50年以上，果皮呈墨绿色，果肉金黄色，沙脆香甜，瓜香浓郁，成熟单果2～5kg，无论是在口感还是质量上均优于市场上其他品种，且每年一直采用自留种方式进行种植，属当地稀有老品种。

黄瓤西瓜

供稿人：衡水市冀州区农业农村局　韩圣来

(二十八)屁马青

种质名称：屁马青。
作物及类型：谷子，地方品种。
来源地：河北省邯郸市涉县。
种植历史：100年以上。
主要特征特性：5月中下旬播种，9月下旬至10月上旬成熟，与玉米、豆类等隔年轮作。小米青色。株高1.4m左右，产量能达到200kg/亩。谷穗特别平齐，俗称"齐头青"。煮的粥绵软滑润，用于民间治疗黄疸性肝炎。现在只有极个别的农户还有少量种植。在当前人们越来越重视绿色健康的背景下，作为药食同源的主粮作物品种，屁马青具有很好的开发价值和发展前景。

屁马青

供稿人：涉县农业技术推广中心　王海飞

(二十九)百年脆梨

种质名称：百年脆梨。
作物及种类：梨，地方品种。
来源地：河北省衡水市阜城县。

种植历史：360年以上。

主要特征特性：常规化管理。好几百年老梨树，吃起来又脆又甜，汁多，润肺，多吃能缓解便秘。该品种种植历史悠久，属于稀有品种。已形成"刘老人"百年老梨品牌，2020年被中国绿色食品发展中心认定为绿色食品A级产品。

百年脆梨

供稿人：阜城县种子管理站　许丽丽

（三十）妈妈枣

种质名称：妈妈枣。
作物及类型：枣，地方品种。
来源地：河北省沧州市肃宁县。
种植历史：100年以上。
主要特征特性：生长于农村庭院。农历7月底时，枣发白、蒂周围变红时又脆又甜，如果全红了，甜中会有一点酸。该品种在当地种植只有2棵，且品质好，比较稀缺。由于近年肃宁县枣疯病发生严重，应抢救性收集该品种。

妈妈枣

供稿人：肃宁县农业农村局　田万峰

（三十一）五香梨

种质名称：五香梨。
作物及类型：梨，地方品种。
来源地：河北省唐山市迁安市。
种植历史：100年以上。
主要特征特性：常规化管理。梨个不大，黄黄圆圆，刚刚熟的时候吃着又酸又涩，不细腻，捂熟透了，闻着有特殊的香气，酸甜，核大，汁多肉嫩爽，吃完一个还想吃下一个。早熟，可常温存放一个月。该品种历史悠久、存量稀少，耐贮存，酸甜适中，口感细腻软溶，具有开发前景。

五香梨

供稿人：迁安市农业农村局　郭向华

（三十二）西下营板栗

种质名称：西下营板栗。
作物及类型：板栗，地方品种。
来源地：河北省唐山市遵化市。
种植历史：30年以上。
主要特征特性：板栗实生树，嫁接繁殖，株行距（3~4）m×（4~5）m。这个栗子品种是从实生树里选出来的，主要相中了它的连年丰产，栗子香甜、不哏，容易剥皮，特别不怕旱、管理省事。在山坡地上没有浇水条件，别的栗子树叶子都卷起来了，这个品种没事。别的品种栗子当年结太多了，下年就没啥产量了，这个品种基本没有大小年。此外，这个品种长得稳当，冒得大条子少，枝往外跑得不厉害，树里边的枝不容易光秃，冬天修剪的时候动不了几剪子，管起来省事。该资源具有丰产、稳产、优质、耐旱性强，管理省工等特点。随着农业人口老龄化日益严重，发展适合省力化栽培的品种是今后的发展趋势。解决了长久以来国内缺乏高产抗旱、管理省工优质新品种的难题，对今后板栗产业发展意义重大。

西下营板栗

供稿人：河北省农林科学院昌黎果树研究所　王广鹏

二、资源利用篇

（一）玉田二包尖白菜

玉田二包尖白菜是河北省唐山市玉田县独有的地标性产品，已有200多年种植历史。通过自交授粉获得了不同熟性、不同抱合方式、不同球型及不同叶色等大白菜资源，经过连续自交6~7代，获得高代自交系2个：编号为F2-2-5-1-6-4-12和F2-5-2-4-3-5-9，与现有的二倍体大白菜资源进行杂交配制，选育出综合性状优良、目标性状突出的优质绍菜和玉田包尖新品种2个：绍菜新7号和玉田新37。

绍菜新7号：早熟品种，生育期60d，株型紧凑，株高42cm，开展度43.5cm，叶色深绿色，叶面微皱，帮绿色，高桩合抱，球高39.5cm，球粗14cm，叶球炮弹形，心叶淡黄色。单株平均净菜质量1.42kg，净菜率高达81.2%，一般亩产3 550kg，抗病性强，口感好，商品性好，适应性广，适宜条件下产量稳定。合理密植，每亩种植2 500株。河北省中南部8月7—15日播种，于10月中旬陆续收获上市。

玉田新37：早熟品种，生育期60d，株型紧凑，株高51cm，开展度56cm，叶色深绿色，叶面微皱，帮绿色，高桩合抱，球高41.5cm，球粗16cm，叶球炮弹形，心叶淡黄色。单株平均净菜质量1.88kg，净菜率高达81.1%，一般亩产4 700kg，抗病性强，口感好，商品性好，适应性广，适宜条件下产量稳定。合理密植，每亩种植2 500株。河北中南部8月7—15日播种，于10月中旬陆续收获上市。

绍菜新7号和玉田新37

供稿人：河北省农林科学院经济作物研究所　尹庆珍

（二）龙兴贡米

龙兴贡米，产自行唐县龙兴庄村，周围5km内是丘陵地带，这里富含有机质的红土壤，使种植谷子具备了得天独厚的自然条件。在种植过程中，农民保持历史上的耕作方式，不施化肥，不喷农药，旱涝靠天，自然生长，是天然绿色食品。用这种谷物做成的小米，即为龙兴贡米。

商标注册前由于没有知名度，产品只能在石家庄市辖区当地销售，每千克小米市场售价8元左右。2004年注册成立了行唐县龙兴贡米专业合作社，在国家工商行政管理总局商标局注册了"龙行庄"牌龙兴贡米商标建立了龙兴贡米种植示范基地，实行"公司+合作社+基地+农户"的产业发展模式，其主打产品龙兴贡米以其独有的高品位和高营养迅速走红市场，深受大众青睐，也给小米生产带来丰厚的利润。2006年9月获第十届中国（廊坊）农产品交易会名优农产品奖，2007年获河北·石家庄特色农产品展销评优会金奖，2008年获河北省第九届消费者信得过产品。现在每千克售价12～20元，促进农民增收，带动当地1 200多户种植谷子12 000余亩。目前，龙兴贡米畅销河北、北京、辽宁、山东、浙江等10多个省（市），出口美国、日本、韩国、新加坡等国家，享誉中外，成为知名品牌。

  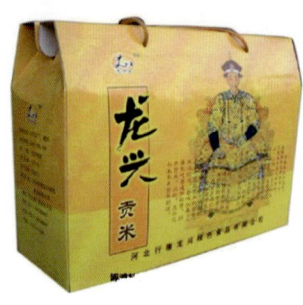

龙兴贡米

供稿人：河北省农林科学院粮油作物研究所　牛雪婧

（三）三白西瓜

三白西瓜作为威县当地农家品种，传说是王母娘娘留下的种子，种植历史久远，明代曾作为贡品，其皮、瓤、籽皆为白色，外观白中泛绿呈椭圆形。皮厚耐运输，储藏期长，常温可存储3~6个月，口感爽，汁液丰富，带有玫瑰蜂蜜幽香。

三白西瓜是威县地理标志产品。在洺州镇香花营、第什营镇西盖村、方营镇张王目等村，形成了10余个相对稳定的三白西瓜种植示范户。三白西瓜种植已经形成了河北省地方标准《三白西瓜生产技术规程》（DB13/T 2441—2017）；河北省的良材记电子商务有限公司开发出三白西瓜新产品，三白西瓜醋产品深受消费者喜爱。

三白西瓜

供稿人：威县农业农村局　陈琳琳、张宗桓

（四）普查收集到的地理标志性品种

本次普查共收集了14份地理标志性产品，其中，有提升的地理标志品种3份，包括威县三白西瓜、玉田二包尖白菜、西下营板栗。例如，积极推荐威县三白西瓜申报"三白西瓜"国家十大优异农作物种质资源并入选河北省发布的十二大优异种质资源，在国家级和省级进行了宣传报道，进一步扩大了品牌知名度和影响力，组织专家多次到基地进行技术指导，进行品种的提纯复壮，提升了三白西瓜的品质和产量。河北省种质资源普查团队通过普查发现玉田二包尖白菜资源正经历着品种退化、抗病性降低、产量下降、用工成本高和机械化水平低等诸多问题，及时同玉田县科丰农业生产资料有限公司小丁庄经销处沟通对接，并采取有针对性的举措与技术，提高了此资源的抗病性及亩单产，使种植面积恢复到1.5万亩，产量达7 500万kg左右，增强了农户种植的积极性，对本地区地理标志性品种的生产应用扩大有积极的推动作用；河北省种质资源调查团队在板栗主产区广泛收集优异野生种、地方种，运用"送品种+教技术+换思想+建机制+育团队+塑品牌"的工作模式在板栗产区规模化实施成果转化应用，使得西下营乡板栗规模化实现了产量、质量双提升。2019年9月"西下营板栗"获得农产品地理标志登记，河北省内仅此一家。

供稿人：河北省农林科学院　高　翔
河北省农林科学院粮油作物研究所　牛雪婧

（五）普查收集到的潜在重要价值种质资源

此次种质资源普查，收集到一些具有潜在重要价值的种质资源，主要包括粮食作物、蔬菜、果树及牧草绿肥。

1. 粮食作物

农家黑豆具有抗旱、抗病、耐涝、籽粒大等优点，可为将来培育出高产、抗病、抗逆的大豆新品种提供材料资源和基因资源。大马牙高棵老玉米植株抗倒伏，穗大，加工成的玉米面有香味，可作为玉米面专用玉米，进行玉米深加工系列产品开发。笤帚高粱耐旱，专门做笤帚用，是做笤帚的非常好的优异资源，可开发成产业增加当地农民的收入。莛子麦麦穗以下麦莛比较长，麦穗下的第一节茎秆编织，二三节作配料。作为编制工艺品的原材料，属于特异种质，为未来莛长优异基因的挖掘提供种质资源；毛毛亮谷子穗毛长可防鸟，穗形似狐狸尾巴，耐干旱、耐贫瘠，优质，不仅可为未来谷子抗逆育种提供材料资源，在对自然灾害防御方面也具有潜在的开发和利用前景；老白马牙玉米穗大粒大，根系发达，抗倒性好，可为未来抗倒伏育种提供材料资源；伞头高粱主要用于制作笤帚、炊具，制成粮仓、打房顶等，种植户稀少，有待开发成产业提高当地农户的收入水平；胭脂稻米粒暗红色，品质优于市场上流通的其他品种，营养价值极高，俗称"三伸腰"，非常有文化特色，具有重要的开发前景。

2. 蔬菜

紫粒架豆开鲜艳的红花，豆粒颜色为紫黑色，品质优良，其花色鲜艳，观赏性强，具有重要开发前景，同时可作为架豆新品种选育的一种特殊种质资源；酥棒皮薄酥脆，口感好，瓜果不含糖，逐渐得到消费者特别是糖尿病人的喜爱，该地方品种产量高可以直接推广和开发利用；山黄瓜也叫"老蚧"黄瓜，绿皮肉厚有疙瘩，风味独特，不易老，是黄瓜品质育种的优异资源；小顶胡萝卜顶小、口感脆甜，为红皮、红肉、红心的三红胡萝卜，可以作为三红资源及抗抽薹的一种特殊种质资源；家榆皮黏性大，籽粒少，可食用，也可作饲料。嫩叶能炒菜、凉拌。茎是空心，根、茎含有大量黏液，是天然植物黏合剂；小尖菠菜（本地土菠菜）小尖叶，口感好，耐寒性强，可以作为极耐寒新品种选育的一种特殊种质资源，有重要应用价值；王庄大白菜株型硕大、口感清脆微甜，王庄大白菜已经申请注册商标"益聚王庄大白菜"，该资源有望产业化，带领村民致富；黄瓤西瓜果肉金黄色，沙脆香甜，瓜香浓郁，属当地稀有老品种，可为将来培育不同瓜瓤颜色西瓜新品种提供材料资源，同时可作为产品直接进行推广和开发利用。

3. 果树

野板栗为大叶片型板栗资源，板栗个大，抗旱能力强，可作为板栗抗旱育种材料；百年脆梨种植历史悠久，脆甜、汁多、润肺，已形成"刘老人"百年老梨品牌，可以作为梨树育种中优质的一种种质资源；妈妈枣发白、蒂周围变红时又脆又甜，品质好，可作为产品直接进行推广，有望产业化；五香梨早熟，耐贮存，酸甜适中，口感细腻，具有开发前景，同时可为早熟耐贮梨新品种选育提供资源。

4. 牧草绿肥

羊草耐寒、耐旱、耐碱，更耐牛马践踏，绵羊、山羊都特别爱吃，在冬季极端气温-42℃而又少雪的地方都能安全越冬，可为耐寒、耐干旱等基因挖掘提供基因资源，同时为培育抗寒、抗旱、耐瘠薄羊草新品种提供材料资源。

供稿人：河北省农林科学院粮油作物研究所　耿立格

三、人物事迹篇

（一）脚踏实地，笃行不怠

——涉县农业技术推广中心王海飞

"习近平总书记多次论述、强调种子与粮食安全、种子与国家安全的关系，'靠中国种子来保障中国粮食安全''要把种源安全提升到关系国家安全的战略高度'。袁隆平院士曾题词'种子是农业科技的芯片'，道出心底对种子'卡脖子'问题的关切"。涉县农业农村局农业技术推广中心主任王海飞继续说道，"要突破种子芯片问题，种质资源是其核心要义。"

1980年出生在涉县涉城镇北原村的王海飞，毕业于西南大学，取得农学硕士学位。自2010年到农技中心以来，一直投身于农业技术推广一线，用脚步丈量土地，用情怀感受"三农"温度，脚踏实地践行初心梦想。

涉县旱作石堰梯田系统千百年来在适应和改造艰苦的自然环境中传承和保存了丰富的农作物品种。在山高坡陡、石厚土薄、十年九旱中，旱作石堰梯田系统养活了一代又一代的梯田人，每每想到，便触动心底最柔软一角。

以第三次全国农作物种质资源普查与收集行动为契机，以涉县旱作石堰梯田系统的核心区王金庄村作为此次普查的核心区，力求全面、系统收集并挖掘涉县的农作物种质资源。

开展谷子种质资源田间调查

走近农民，即是心安。朴实、勤劳、善良是中国农民的代名词。入户普查时，农民朋友们会积极把自家的种子一一摆出来，说着，"您看，黑豆、红豆、紫玉米、白玉米、紫菜豆、红菜豆……"，尽管有些名称表述并不准确，但他们用最直白的词汇描述自家的作物，脸上洋溢着自豪与喜悦之情。"农民脸上淳朴的笑容是我的追求"，王海飞发自内心地说。当然，并不是每次入户都"顺风顺水"，经常会坐"冷板凳"。"一些农户还没有意识到种子的奥秘，我们会针对每一农户的实际情况，找突破点，动之以情、晓之以理，直至他们愿意'献上自家的宝贝'。"王海飞开心地说，"走近农民，即是心安"。

调查萝卜、小菜（根用油菜）等留种情况

走进田地，即是踏实。我们常用"日出而作，日落而息"描述农民单纯简朴的生活，用"面朝黄土背朝天"描述农民的辛劳。当前，我国已经进入新时代，踏上新征程。"看到梯田人'骑驴带具'耕作于田地是一种踏实"，王海飞眺望梯田上红得宛若一个个灯笼似的柿子说道，"背着相机，记录'总关情'的一枝一叶，内心有说不出的满足，我想，这就是种子给予我们神奇的力量吧。因为一粒种子，让收获成为希望"。对"三农"的热爱，早已让王海飞对这里的一瓜一果熟悉至极，但他总是说要对自然、对生态持有敬畏之心，他们总会给我们意想不到的惊喜。在普查中，每一寸土地、每一种作物带给王海飞的是踏实、是未来。

调查金黄后玉米长势

一粒种子,即是一种希望。此次普查,系统梳理了171个传统农家品种,其中,粮食作物62个、蔬菜作物57个、干鲜果品33个、油料作物7个、药用植物和纤维烟草12个。王海飞兴奋地说道,"通过这次系统、全面普查,让一直盘绕在我心中的线条整齐划一,心中的一块大石头也终于落地。这也要感谢组织和团队"。紧接着,王海飞向我们讲述了普查中的"礼物","2018年,我们进行种质资源普查时,在曹爱峦家中发现了小白豆。2019—2021年,连续3年抢救性繁育种植后,仍然没有发芽迹象。现在,王海飞依然记得当初发现小白豆后的惊喜以及没有发芽的每一年的失落与心痛。但是,时光从不辜负每一个人的希望。2021年,我们在李书良家再一次偶然发现了小白豆。这一次,我们小心翼翼,满怀期待却不敢表现在脸上,总怕又是一场失望。2022年,小白豆破土而出,我们热泪盈眶"。

开展豆类田间生长情况调查

一个农业强、农村美、农民富之梦,一个完美种子翻身仗之梦,一个种质资源富集之梦,道阻且长。然,行而不辍、笃行不怠,终将圆满。

供稿人:涉县农业技术推广中心　王海飞

(二)种质资源征集开发路上的"老黄牛"

——威县普查队张宗桓和陈琳琳

根据农业农村部和河北省农业农村厅的安排,威县农业农村局成立了行动小组并组建技术团队,完成了种质资源的普查、征集工作,并开展了部分保护、示范、利用等工作。征集到的"三白西瓜",于2022年被农业农村部评定为全国十大优异农作物种质资源。下面重点介绍两位主要团队成员的事迹。张宗桓,农业技术推广研究员,征集团队主要成员之一，负责技术团队培训、种质资源征集、保护、试验示范等工作。陈琳琳，农艺师，征集团队主要成员之一，负责种质资源征集、普查、登记等工作。

1. 开展技术培训，提升团队人员专业知识

张宗桓研究员接收种质资源征集工作后，首先组织团队人员开展学习培训。根据河北省实施方案的文件精神和时间节点的要求，组织有关技术人员包括基层站点的技术人员，进行学习和培训，聘请熟悉本地农业发展历史、熟悉本地种植结构变迁的种植业方面的专家进行授课和各个环节的技术指导、咨询。基本摸清本县品种的大致历史变迁过程。这项工作专业性要高，参加人员责任心要高，是一项既平凡、辛苦又很伟大的工作。每一位参加征集和普查的行动小组成员，都深入学习培训课件内容和有关专业知识，并且都是边干边学。只有专业技术知识掌握得扎实全面，才能在以后的工作中做到游刃有余，得心应手。

学习培训课件内容和有关专业知识

2. 种质资源征集关键是线索

全县522个村，114万亩耕地，查找种质资源线索是关键问题。每次下乡调查之前都要提前做好准备工作，了解村庄可能会有的古老物种、稀有物种，做好下乡后的对接工作。尽力让队员们下乡有收获，在种质资源收集工作当中，张宗桓打了无数个电话、走遍了威县村庄的大街小巷。夏季顶烈日，冬季则冒严寒，不畏风霜。一次张宗桓听说有个村，枣树种植历史久远，而且栽培规模大，历史上枣树种植面积达到3 000亩，主要是传统品种紫枣、酸枣。紫枣肉质厚，甜度高，适合风干或者烘干后长期保存，具有食用和药用两重价值，补气血益脾胃，为中医要药。知晓的时候正好是冬天，寒风呼啸，张

宗桓在那片枣树林子里一待就是一天，把每个品种从枣树的性状、到果肉的口感，以及药用价值一一了解了一遍。林子里根本没有行车的路，全靠走，从林子里出来的时候，月亮已经高高地挂在了天上，手和脸都冻僵了。提前详细摸查，目的是为第二年一开春采集有价值的枝条做好准备，节省时间。

陈琳琳，工作上积极，踏实肯干，虽然是女孩子但干起事来"巾帼不让须眉"。在威县常庄镇北仓庄和南仓庄一带，20世纪80年代以前杏树种植面积3 000亩以上，据村民讲品种有几十个，有白水杏、六月梅等，这位村民一时想不起来更多的品种名称。目前大多改植杨树，但是在杨树行内仍然保留有少量的杏树没有砍伐。该资源开发利用价值较大。获知这一消息后，陈琳琳和团队人员立即前往考察，由于地块偏僻，树木种植稠密，代步工具进不去，全靠步行，走了有十几里（1里=500m）路才走到杏树林子里。因为那几棵杏树的树龄有50年之久，所以树干特别大，树枝高，为了采集到合格的、容易嫁接活的新树枝，爬到高高的树干上采剪，以保证树枝成活率。第一年由于找到杏树的时间正好错过最佳嫁接时间，杏树成活率并不理想，第二年又徒步十几里路、爬上比两层楼还要高的树干采剪树枝，所有人都毫无怨言。

3. 对威县的"三白西瓜"情有独钟

三白西瓜是威县古老农家品种，明代曾为贡品，历史久远，风味独特老少喜食。张宗桓对三白西瓜情有独钟，在种质资源收集以前就开始注重三白西瓜这一种质资源的挖掘、推广、利用工作，为了保护好这一农家品种，他早在2013年就起草制定了本市的地方标准，于2017年又制定了河北省地方标准《三白西瓜生产技术规程》（DB13/T 2441—2017），全部实行无公害标准管理。

为了保护这一种质资源，于2010年由威县甲琳三白西瓜合作社申请，取得农产品地理标志登记证书，质量控制规范编号：AGI2010-09-00448，登记证书编号：AGI00448。

张宗桓为人不善言辞，下乡的时候永远背着他那掉了外皮的黑皮包，里面装的永远都是尺子、树枝剪、收集袋、调查表、标签等用具。正是因为有他这种致力于农业、不怕苦、不怕累的精神，才有了中国种质资源的源远流长。为了征集到有代表性的种质，需要多方打听，进村入户下地走访交流。种植三白西瓜的农户大多数是老人，好多人都不太明白种质资源采集是什么意思，张宗桓耐心地一遍遍地讲种质资源采集对我们物种保存的重要性，最后受到感动的农户也都积极的提供消息。

功夫不负有心人，威县三白西瓜，终于入选2022年农业农村部十大优异农作物种质资源。入选依据是"因其皮、瓤、籽皆为白色而得名。种植历史悠久，最早始于商末周初，曾为明清两代贡品。个头大、水分多、瓤口糯、口感细、耐贮藏，常温可存储3～6个月，贮藏后的三白西瓜鲜嫩可口，带有玫瑰香味，风味独特。高硒、低糖、富含氨基酸，含有多达18种微量元素，是罕见的药食两用佳品，具有解暑、利水消胀、宽肠胃、止污病等效用。"

三白西瓜作为威县特产曾多次亮相于北京、上海等地的特色农产品展览会。为了使三白西瓜这一优异种质资源得到较好的开发利用，走上产业化可持续发展之路，需要走出去，开发新产品，经过与多家公司企业联系，获得了初步效果。河北良材记电子商务有限公司开发出三白西瓜新产品——三白西瓜醋，产品深受消费者喜爱。今后将陆续开发出新产品，如三白西瓜汁、三白西瓜酱等。

开展种质资源调查与收集

供稿人：威县农业农村局　陈琳琳、张宗桓

（三）千淘万漉虽辛苦　吹尽狂沙始到金

——赤城县种子管理站站长王世国

赤城县作为河北省2019年第一批项目县启动实施农作物种质资源普查与收集工作，由赤城县种子管理站具体负责实施，王世国作为赤城县种子管理站站长全程参与了此项具有重要历史意义的工作任务，与全体工作人员共同努力，圆满完成了赤城县种质资源普查工作。王世国带领普查队员历尽千辛万苦走遍了赤城县的山山水水，既了解了不同乡镇、村庄种植习惯，品种更迭，也了解了各地作物分布、气候特点，既游历了赤城风景，也领略了风土人情，既有收获的喜悦、也有付出的艰辛，其中，有两件事令王世国记忆犹新，至今难忘。

第一件事在2019年10月底的一天下午，当时由于王世国岳母生病在北京住院，爱人在北京陪床，孩子才三岁，还在上幼儿园小班，他下班之后还得带孩子，那天下午王世国带着队员去收集种质资源，由于地点较远，又是山路不好走，回来路上已到了幼儿园放学时间，在路上王世国给幼儿园的阿姨打电话说让孩子先在幼儿园待一会，他晚点去接，等王世国回来时天已快黑了，去幼儿园接孩子时只剩下幼儿园的阿姨带着孩子在门口等候，孩子见到王世国哭着说："爸爸，你怎么才来接我"。可就在这时又接到一位农民的电话说他家中有他们要找的种质资源，为了赶时间，王世国带着孩子和普查队员在街上简单吃了口饭，又开车奔向下一个地点，等回到村里，天已经完全黑下来了，由于农村没有路灯，加上路况不熟，王世国抱着孩子在黑暗的农村小巷里深一脚浅一脚地摸索前进，孩子蜷缩在他的怀里吓得瑟瑟发抖，王世国一边摸索一边极力安抚孩子的情绪，好一阵才找到地方，这是一处很大的院子，有五六间房，只有一间开着灯，灯光较暗，家里只有一位60多岁的老伯，听力不太好，交流不太顺利，说明来意后老伯取出了他们要找的东西，是一些豆类作物资源，王世国和普查队员借着昏暗的灯光进行了称重，登记和分装，等回到家时，孩子已在车上睡着了。

另一件事是去三道川乡收集种质资源，据乡里的农业科长讲在三道川的高山上生长着一种"野高粱"具有很好的止泻作用，一天王世国带着普查队员在当地向导的带领下上山寻找"野高粱"，由于当地的大山山势险峻，加之前一天刚下过雨，路太滑，上到一半时一个不小心脚下一滑摔倒了，顺着陡峭的山坡滑下五六米，才抓着一个树枝停下来，衣服挂破了，身上好几处受伤，由于发生意外，此次行动被迫中止，王世国在同行队员的搀扶下一瘸一拐地下了山。

通过王世国和全体普查人员的辛勤工作，赤城县当年共收集古老种质资源品种27个，其中，麻类品种1个（野麻）、核桃品种1个（山核桃）、油菜品种1个、玉米品种3个、谷子品种4个、高粱品种2个、水稻品种1个、糜黍品种6个、豆类品种8个。在收集的27个种质资源品种中，有突出代表性的品种3个，分别是黑软谷、黄瓢及小白黍子。其中，"黑软谷"在2020年被农业农村部评为十大优异农作物种质资源。

"黑软谷"是在2019年种质资源普查中首次发现的。属地方传统品种，是在杨家庄村一郝姓农民家发现，该农户已70岁，据他回忆从他有记忆时起当地就有种植，应该有上百年的种植历史。当时育种技术、物质交流、通信信息等都不如现代发达，农民种植的农作物种类较多，谷、黍、高粱、玉米等有啥种啥，主要是以食用为主。"黑软谷"便是当时该地区主要种植作物，后来由于玉米育种技术的快速发展，加上改革开放后大批的农民工开始进城务工，使得玉米的种植面积迅猛上升，好多当地特有的珍稀农作物品种被玉米替代，有些品种已经灭绝。"黑软谷"就是在这种影响下，种植面积一直没有发展起来，现在只有个别农户零星种植。

"黑软谷"表现出很强的种植区域性（只在赤城县赤城镇的杨家庄村发现有种植，据农户介绍此品种植株绿色、根部发紫、种植密度偏小植株会有分权、秆低穗大、果穗头部有分瓣、抗病抗旱、籽粒青灰色、芯部发黑，终端食品俗称"糕"，呈深灰色，与张家口坝上的莜面颜色相似。口感筋滑，不亚于现在市场上的"江米糕"。其制作过程香气四溢、饭熟揭盖满屋生香。由于粗粮中保存了许多细粮中没有的营养，所含的植物纤维对于消化不良、高血压、高血糖、高血脂及心脑血管疾病均有一定的预防与治疗作用。

种质资源普查是一项技术含量极高的系统工程，涉及历史、农业、气象等方方面面的知识，单依靠个人热情与努力是远远不够的，还需要有一套完整科学的计划、方案。在此介绍一下我们的具体做法。

赤城县种质资源普查收集现场

1. 组建专业普查收集队伍

为确保赤城县种质资源普查取得良好效果，赤城县农业农村局组织农学、种子、植保等相关专业技术人员及退休老专家组成专业普查队伍，调查队伍分两个组，一个外调组，负责资源调查与收集；一个资料汇总组，负责表格填写、材料上报与资料汇总。普查队总负责王世国（种子管理站站长），负责部门、人员协调车辆调配，技术顾问杨杰（高级农艺师）。

2. 加强宣传引导

为最大发掘赤城县种质资源，广泛收集种质资源线索，通过县电视台对赤城县的种质资源普查活动进行大量宣传报道，广泛发动全社会各阶力量积极提供资源线索，在全社会营造

种质资源收集

种质资源收集保护的舆论氛围。

3. 加强领导、成立组织

为确保赤城县此次种质资源普查有序开展，取得实效，赤城县农业农村局成立了以局长为组长，主管副局长任副组长的领导小组，制定了种质资源普查实施方案，领导小组下设办公室，办公室设在种子管理站，具体负责种质资源普查的组织协调及日常工作，办公室主任由王世国担任。

4. 强化培训、科学采集

种质资源收集是一项专业性很强的工作，涉及农学、种子、植保等诸多学科知识，为了确保征集过程科学规范，在收集过程中按照省厅制定的技术规程对普查征集人员进行系统业务培训，请专业人员系统分析、研究登记，避免收集的种质资源因收集保管、整理的方法不当，而失去应有的价值。

5. 深入实地、广查资料，全面征集

赤城县物种数量大而广，在这次普查活动中，普查队员深入田间、农户，深入细致地座谈访问，分析本区域的地质地貌、土壤质地、自然气候条件，了解农户的生产、生活、劳动力、耕作情况和作物的消长原因。每个样本都要经过农业专家集体研究分析，查阅资料，结合理论知识，达到对样本实物精准定论方能填报征集表。此次普查征集，请教相关专业技术人员30多人次，查阅了赤城县志、赤城县农业志、赤城县统计年鉴、赤城县土地利用和农业气候资料手册等相关资料，走访农户农民1 000多人次，深入18个乡镇，近100个行政村进行广泛征集，但赤城县面积大，交通不便，难免有遗漏的珍贵种质资源，有些传统种质资源一时难以找到。

供稿人：赤城县种子管理站　王世国

（四）粮安天下，种为粮先

——玉田农业农村局孙建瑞

粮安天下，种为粮先。种业是食物之本、农业之基，事关粮食安全命脉。只有守护好种子，丰收才有底气。农业种质资源普查作为种业振兴行动的基础性工作，全面摸清玉田县农作物种质资源家底，抢救性保护一批玉田县特有的珍稀濒危资源至关重要。在全力推进玉田县农业种质资源普查工作中，孙建瑞同志一直奋斗在基层第一线，共参与胭脂稻、包尖白菜、铁秆芹菜等30多个具有地方特色的珍稀种质资源收集与保护工作，特别是他收集的胭脂稻品种，为种业发展提供了丰富且宝贵的种质资源。

对胭脂稻的普查涉及范围广，情况复杂，普查任务难度大而繁重，为了收集胭脂稻，孙建瑞查阅了县志、档案、报纸、杂志等大量历史资料，经常自备水和食物在县档案管理局一查就是一整天。为收集到更具有价值的信息资料，孙建瑞与烈日相伴，

与尘土相随，风吹日晒，起早贪黑，走遍亮甲店镇44个村开展入户调查，吃住在村与当地的老农技员、老党员谈心交流，努力寻找传说中的"红色稻米"。经过一段时间走访入户，胭脂稻的踪迹如水干露鱼般呈现出来。一分耕耘，一分收获，在辛勤劳动和付出后，经过多方考证，不懈努力，终于找到胭脂稻种子，为了培育出更多种子，对胭脂稻更好地保护和利用，孙建瑞找到当地有名的企业家赵文广先生，经过不断扩大种植面积，在玉田县小泉山下种植了60余亩胭脂稻，并成立了唐山胭脂稻粮食种植农民专业合作社。在孙建瑞的指导下，"胭脂稻"这一古老种质资源品种得到了有效的收集和保护。

"种石得玉无双地，胭脂御稻独一家。碧珠赤芒凝甘露，琼浆玉液品中华。"在全面开展胭脂稻调查保护收集工作的同时，孙建瑞还常常利用休息时间到各书店、图书馆收集查阅、整理资料，对胭脂稻种质资源利用与开发进行了全面调查，并认真核对采集来样品的种质类型、种质来源、生长习性、主要特性、种质用途、利用部位、种质分布、生态类型、土壤类型等普查摸底情况进行了全面分析，探索胭脂稻在加工领域的独特魅力，用胭脂米酿造的酒独具特色，酒的颜色红如胭脂、度数适中，口感绵柔，入口就能立即感受到浓郁香醇的胭脂米的香味，并且很好地保留胭脂米的营养价值。

"老祖宗留下的东西不能丢了，必须延续下去，发扬光大。"孙建瑞同志用自己的实际行动诠释了对种质资源工作的执着与热情。

种质资源普查工作过程展示

供稿人：玉田县农业农村局　孙建瑞

（五）收集优良农家品种，为农业发展作贡献

——武强县普查收集小组

河北省第三次全国农作物种质资源普查与收集行动任务下达武强县后，武强县普查收集小组为了找到优良的农家品种资源，认真分析了武强县目前的资源状况，一个乡一个乡分析解剖寻找目标。生在武强，长在武强，从小就听说"王庄的大白菜杜林村的蒜"以好吃品质优的特点名传百里。确认这两个是武强县历史悠久的真正的农家好品种。

为了收集到纯正的种子，普查收集小组多次深入村户，访谈了解种植历史来源、种植优势、品种的可靠度。

东王庄村位于武强县武强镇滏阳河畔，汹涌澎湃的滏阳河来到这里骤停下来，向东绕了一个大大的U形弯，又缓缓北去了。远远望去，犹如一条蛰伏的巨龙蓄势待发，人们把这里称为"龙圈"。每到汛期，汹涌的河水夹带着大量泥沙杂质涌入"龙圈"，汛期过后河水退去，泥沙杂质就留在这里。这样年复一年，慢慢地竟然把"龙圈"淤平了，成了王庄大白菜的起源地——"龙圈地"。据传在300年以前，东王庄村的农民们在这片土地上种起了大白菜，200年前，方圆百里都知道了这里的大白菜，并以其优质高产的特点远近驰名。

王庄大白菜以棵大、帮白、叶绿三大特点著称。棵大，单棵重可达10kg左右。帮白，菜帮晶莹剔透，洁白如玉。叶绿，菜叶碧绿如蓝，同时具有"生食脆嫩，熟吃绵软"的特点。当时人称为"大白脆"。

王庄大白菜资源收集过程展示

这次河北省第三次全国农作物种质资源普查与收集行动，首先想到的是王庄大白菜这一当地优良农家品种。但是近几十年由于缺乏保护和支持，王庄大白菜种植面积越来越小，不知道该村是否还有种植。

于是普查收集小组深入东王庄村，走访村干部和老菜农，了解王庄大白菜现状。据介绍，该村由于世代交替，年轻人增多，王庄大白菜种植得越来越少，只有2户年纪大

的人家每年有些种植。王二民就是其中的一户，王二民70多岁，家中有3亩菜地，每年种植各种蔬菜到集市上卖，可贵的是这位辛苦的老农，还延续着种植大白菜的传统，每年繁殖几棵王庄大白菜种子，延续种植。谈到王庄大白菜，王二民有说不完的话，从育苗到移植，整个种植栽培技术十分精通，王庄大白菜集市卖就比别的白菜多卖钱。

遇到王二民使普查收集小组从他手中收集到了王庄大白菜优良农家品种，有了像王二民这样的农民，才使这些农家品种不失传，并得以推广利用。

2021年王庄大白菜被河北省评为地方优异农作物种质资源，普查收集小组把这好消息也及时通知到了村干部，村干部对发展王庄大白菜也有自己的规划，这一消息更增加了大搞一村一品，推动王庄大白菜产业化的信心。2022年他们种植了大白菜100亩作为示范田，取得了较高的产量。他们还申报了自己的品牌，精细整理包装销售。还准备建冷库，改善贮存条件，安全贮存效益有保障。

用同样方法，普查收集小组也收集到了杜林村的蒜。杜林村的蒜以大六瓣著称，紫红皮，香、辣、脆、可口，是优良的农家品种。

2021年，经过普查收集小组精心有价值的收集活动，王庄大白菜和杜林村的蒜同时被河北省评为地方优异农作物种质资源，地域特色明显，具有重大产业发展前景。

普查收集小组将继续借这次农作物种质资源普查与收集行动，为东王庄村大白菜和杜林村的蒜产业化形成良性循环献计献策，推动农业发展，促进农民增收增效。

供稿人：武强县农业农村局　陈玉强

（六）用心做事，完成使命

——昌黎县农业农村局王丽华

农业讲求创新，但一切创新的基础和发展都离不开种质资源这一基础，为了保住近些年来濒临灭绝的老地方品种，留存他们的优异基因，我国已经进行了两次种质资源普查基础工作，王丽华很荣幸能够参与到第三次普查工作中，感觉其所做之事意义重大。

这是王丽华第一次接触到种质资源普查工作，对于如此繁重而且更需要耐心和技术的工作，起初真的不知道该从何下手，在科室老同志和农业农村局老农业技术专家的帮助下，王丽华首先梳理了一下工作步骤，然后逐项认真地开展起来，并暗自给自己鼓劲"只要功夫深，铁杆也能磨成针。"王丽华坚信一定能保质保量地完成这项有重大意义的任务。

白马牙品种收集

1. 普查资料收集

第三次种质资源普查昌黎县既是普查县，又是系统调查县。所需普查资料年份跨度大，地方行政区划几经调整变迁，机构经历多次改革变化，历史资料查找难度难以想象，普查资料虽然繁重，但其是更好地展开下一步征集工作的根本。通过联系昌黎县志办、统计局以及档案局，翻阅各种相关档案资料，对于不能查阅的还找到了农业农村局已经退休多年的老同志、老专家们进行咨询。

2. 各种野生品种、古老品种的摸底调查

昌黎县是河北省秦皇岛市下辖县，位于河北省东北部，位于北纬39°25′~39°47′，东经118°45′~119°20′，东临渤海，北依燕山，西南挟滦河，属暖温带半湿润大陆性季风气候，北部少部分丘陵、山地，以平原为主，是河北省粮食大县。农作物品种更新换代较快，平原地区保留下来的古老、稀有品种较少，种质资源匮乏。针对昌黎县实际情况，普查收集小组将种质资源的调查征集工作重点放在北部丘陵山区，为了力求全面收集挖掘此地的种质资源，普查收集小组深入乡镇，联系了各个乡镇的老技术站站长，通过这些老站长，走进那些有多年种植经验的老农民家中，询问关于本地老品种的情况。当普查收集小组入户调查时，起初老乡们对普查收集小组的工作都不理解，说："现在科技发展得快，优良新品种多好呀，产量高，效益好！你们找那些老掉牙的东西有什么用？"每当面对这种情况，普查收集小组就会耐心地和他们进行宣传解释对古老、稀有、濒临灭绝品种的征集保护的重要意义。那些老乡们被普查收集小组的工作热情深深感动了，听了普查收集小组的来意，他们都兴奋地说："这事好啊！这些老品种不能丢啊！"他们毫不保留地给普查收集小组讲述了多年前种过的老品种，虽然名字都是些再普通不过的名字"九支五、鸟不理、老白豆、大黏高粱……"，但当他们提起来，时间仿佛就回到了很久以前，脸上渴望着以前的那些老品种，"哎！老品种的产量确实不高，但那些老品种的抗性和味道还是比现在杂交品种的要好，这些老品种真是该保留下来。""应该在×××家还种了几棵""嗯！看看去，万一还有种子呢。"看着老乡们一言一语的热情劲头儿，虽然他们不太懂此项工作的重大意义，对种质资源普查工作却是支持的。

供稿人：昌黎县　王丽华

（七）不忘初心，方得始终

——文安县种子管理站站长张灵芝

习近平总书记多次论述强调种子与粮食安全、国家安全的关系："靠中国种子来保障中国粮食安全""要把种源安全提升到关系国家安全的战略高度"。农业种质资源是保障国家粮食安全和重要农产品有效供给的战略性资源，在第三次全国农业种质资源普查工作中，为加快摸清种质资源发展变化趋势，发掘一批优异资源，根据河北省农业农

村厅统一部署，文安县开展农作物种质资源普查和收集工作。文安县农业农村局种子管理站站长张灵芝带领全站同事通过多部门协调、多措施开展、多媒体宣传顺利完成了种质资源的普查与收集工作。

1970年出生于文安县城南王家务村的张灵芝，1993年毕业于张家口北方学院，高级职称。30年来一直投身于农业技术推广一线，深入田间地头，用脚步丈量土地，用情怀感受"三农"温度，脚踏实地践行初心梦想。

积极谋划，周密组织。文安县开展农作物种质资源普查和收集工作后，作为文安县农业农村局种子管理站站长、文安县农作物种质资源普查与收集行动领导小组副组长，张灵芝负责本次普查与收集行动的具体工作，包括方案制定、线索收集等事项，在做好上面这些工作的同时，张灵芝还邀请曾经在局里工作过的老技术员及年长同事对普查与征集的信息数据会商甄别，制定技术规范，开展技术培训，提供技术咨询等工作。

广泛宣传、发动群众。普查与征集工作开始前，张灵芝和同事们一起大力开展普查与征集的宣传，发动群众，广泛参与，鼓励提供种质线索。通过发放普查公告宣传单、召开种质资源征集宣传培训会、在种植大户微信群发放电子公告、设立村街集市线索提供台、在各交通要道张挂公告标语等众多手段，营造普查与征集工作开展的良好氛围。在大范围宣传，广泛发动群众的基础上，力争把相关信息数据填实、填细、填全，力争顺利完成收集更多的优质本地种质资源，让本地特色种质资源得到保护。

多方协调、多方收集。开展普查工作中，张灵芝首先对接档案局、统计局、土地局、教育局、民宗局、林业和草原局等多部门收集填写1956年等普查表中基础信息，由于年代久远，普查表中当年作物的种植品种及面积数据是普查一大难题，县志档案材料记录简单，并没有当年详细的记录。张灵芝及同事通过走访咨询种粮大户、村中70岁到80岁长辈，与提供线索者到田间地头亲自确定品种，确定地块，确定村街中种植户联系方式，让其保留种子。通过在全县12个镇走访老农户及种植大户，完善当年的农作物详细信息和1956年的农业生产情况。使历史农作物品种信息、种植信息得以完善。

不忘初心，方得始终。文安县地势低洼，在适应和改造艰苦的自然环境中传承和保存了丰富的农业作物品种。近年来，受气候、耕作制度和农业经营方式变化，特别是城镇化、工业化快速发展的影响，导致大量地方品种迅速消失，张灵芝深知，抢救性收集和保护文安县珍稀、濒危作物野生种质

田间调查打瓜田间长势

资源和特色地方品种，对保护农作物种质资源的多样性、维护农业可持续发展的生态资源环境具有多么重要的意义。以第三次全国农作物种质资源普查与收集行动为契机，张灵芝带领全站同事以文安县打瓜间作玉米的马武营村作为此次普查的核心区，力求全面、系统收集并挖掘文安县的农业种质资源。2021年6月20日张灵芝及同事进入马武营村进行种质资源普查时，无意中听说村民王金宝家中有自留的多年打瓜种子，并已种植0.5亩，多次去他家拜访。老人自述每年家中留自家这种瓜种种植0.5亩左右，说这个打瓜肉酸中挂着甜，口感好，吃多了也不上嗓子。在老人指引下，到地里拍了图片并对其种子进行收集。"再苦再累，文安县当地的珍稀、濒危作物野生种质资源和特色地方品种一个不能少！"，正是凭着这种对"三农"的热爱，对家乡的热爱，让她克服重重困难险阻，最终征集到了包括"文安打瓜"等传统农家及野生品种在内的种质资源并提交国家种质库。

经过张灵芝和同事们的努力，文安县种质资源普查和收集工作得以圆满完成，共收集20个传统农家品种及野生品种，其中，粮食作物11个、蔬菜作物7个、瓜果作物1个、野生物种1个，为丰富国家农作物种质资源库，挽救重要种质资源，为现代种业作出了应有的贡献。

供稿人：文安县种子管理站　张灵芝

（八）典型人物事迹材料

——冀州区农业农村局走访调研小分队（成员：韩圣来、李聪、孔繁华、苏静）

冀州区，隶属于河北省衡水市，位于河北省东南部，属暖温带大陆性季风气候。截至2022年，全区下辖6镇4乡382个行政村，人口35万。冀州区农用地面积71 994.4 hm^2，占冀州区土地总面积的78.5%；农用地中，耕地面积59 743.1 hm^2，占冀州区土地总面积的65.1%，是全国粮食生产基地县、中国辣椒之乡，截至2021年12月17日一共征集并上交31个品种，超额完成年度征集30个品种的任务量，其中，国家级库（圃）已保存22个。粮食作物征集12份，蔬菜作物征集9份，果类作物征集10份。全省普查征集到的3 447份种质资源入选优异农作物种质资源共计12个。其中，衡水市冀州区征集送交的绿皮黄瓤西瓜种质资源脱颖而出，被河北省农业农村厅、河北省农林科学院评定为具重大产业发展前景或具潜在价值的优异农作物种质资源。

1. 动员齐上阵、积极开展宣传

2020—2021年，冀州区农业农村局走访调研小分队成员将冀州区10个乡镇，376个行政村全部宣传到位，印制种质资源普查与收集相关宣传页共计1万余份下发到各乡镇、村，同时通过冀州区农业农村局微信公众号、冀州区电视台等进行广泛宣传，制作标语条幅30份（悬挂于各乡、镇中心显著位置），宣传公告600余份（力争每个村张

贴1～2份）。沿野生大豆自然保护区、衡水湖自然保护区和106国道沿线，一路寻找古老、珍稀、特有、名优作物地方品种和作物野生近缘植物种质资源，对于有些不认识的种质资源，就用手机花伴侣、形色软件等进行查找，共征集到种质资源31个。

2. 不辞辛苦、实地走访调研

现场实地开展走访调研，开展老品种的收集工作。主要调查走访各乡镇、村里年长的农业技术员、农业种植户，其中，在冀州区周村镇李张周村征集到老丝瓜自留品种、周村镇周村猪耳朵豆角自留品种；南午村镇后瓦窑村种植六七十年的老高粱品种；码头李镇北故城村征集到的种植50年以上的大马牙玉米品种；门庄乡稍门口村征集到的老丝瓜自留品种等均具有代表性、地方性。

走访调研小分队成员在确定种质资源信息来源后第一时间奔赴农户家开展调查走访，其中，在冀州区冀州镇岳良村征集到了大头芥、殷庄村殷世忠家征集到了丁香萝卜；在码头李镇烟家雾村李修杰家征集到了一根丝瓜；在南午村镇李瓦村王乃福家征集到了种植年限在50年以上的绿皮黄瓤西瓜；在冀州区南午村镇花园庄村周全尊家征集到了特色天鹰椒等品种。

走访调研小分队成员为保证农作物种质资源真实性，在大马牙、小马牙玉米种植地现场征集采样，再将从地里征集上来的玉米棒穗进行人工脱粒，筛选，再进行晾晒，互相配合、各有分工；征集到的绿豆将有虫害的种子挑出来，将成色饱满种子一遍遍地筛选出来；还有老丝瓜种，先要把现场收获的丝瓜瓢进行晾晒，待丝瓜瓢没有水分后从中取出优质饱满的种子，取出种子后再进行晾晒等等，以上这些征集上来的31个品种走访调研小分队成员不辞辛苦地一遍又一遍认真仔细地筛选，没有任何抱怨，直到能达到要求为止。

2020—2021年冀州区种质资源普查与征集具体工作主要由走访调研小分队完成，截至2021年底已向河北省农林科学院递交了31份种质资源品种，超额完成了目标任务。

3. 团结协作、密切配合

走访调研小分队成员由80后韩圣来、90后李聪和70后孔繁华、苏静组成。年龄结构为既有经验丰富扎根农业多年的最年长的70后农艺师，也有精神饱满的80后中坚力量，干劲十足、敢闯敢干的90后最年轻的农经师。作为第三次全国农作物种质资源普查与征集冀州区工作人员，老中青结合，团结协作，分工明确，为完成此次工作贡献了较大力量。一旦发现有关种质资源信息来源，走访调研小分队成员会在第一时间下乡下村下地，与相关人员深入交谈、详细了解情况。因为白天农民朋友要下乡耕种，也不记得有多少次与农业技术员、老农业专家面对面交谈到傍晚，听他们讲种子背后的故事，种植历史等。李聪同志认真负责，做好每一份笔录，第二天再将分析整理出的相关数据及时进行汇总，经常为了采集一个种质资源信息，多方打听，深入田间地头，无论道路多远多难走，小分队成员经常穿梭在乡间土路，队员们克服晕车、炎热酷暑等困难一起驱车前往，从无一句怨言，因为小分队成员心里明白30年开展一次种质资源普查，有幸赶上了，这是功在当代、利在千秋的大事，辛苦一些不要紧，能为国家种质资源振兴出一份力就知足了。车辆进不去就步行一定要把种质资源采集到。有些种质资源分布广泛的村庄甚至要去做好几次调研，久而久之交谈过程中也真正与农民交上了朋友。

农作物种质资源调查与收集过程展示

农作物种质资源田间调查展示

无论是前期开展宣传，中期部署开展动员会、推进会、调度会，还是年终工作总结的撰写，走访调研小分队成员通过走访冀州区统计局、区气象局、区档案馆等单位查阅、收集相关资料。实地走访老农业技术员、老农业专家开展询问。圆满完成了第三次种质资源普查表与征集表的数据采集、填写、上报，以及征集到的种质资源品种采集、整理工作和通过审核的征集资源种子收集、整理、上交等每一项细节性工作。

小分队成员为了不影响其他业务工作，经常会利用周六日、节假日休息时间加班加点。尤其是李聪同志刻苦钻研，提前谋划熟悉种质资源普查与征集工作业务知识，利用业余时间认真学习研究全国农作物种质资源普查与征集系统填报工作，以及如何准确做好种质样本采集编号、拍摄时间、地点等方面的记录进行一次又一次尝试，从而大大提高了种质资源提交上传效率。同时李聪、韩圣来两位同志还积极发动周边亲友一共征集提交了6个过审品种，占全部提交品种数量的20%，贡献力量尤为突出。此外，李聪、韩圣来两位同志积极协调冀州区统计局、区档案馆、区气象局等相关部门查阅相关数据，为完成种质资源普查填报工作大大缩短了时间。

供稿人：衡水市冀州区农业农村局　韩圣来

（九）青春无悔学农路　使命担当为"三农"

——阜城县农业农村局许丽丽

许丽丽，女，1980年出生，毕业于四川农业大学现代农业技术专业，2001年进入阜城县农业农村局工作至今，一直从事农业技术岗位，现任种管站副站长。

夜来南风起，小麦覆陇黄。在小麦丰收的季节，农民开始期许今年能够多一点收成，然后可以休息一阵子，享受丰收的喜悦。但有一个人，却毫不停息，她就是阜城县农业农村局种管站的许丽丽，饱含着对土地的钟情、对农业的热爱，十几年如一日地坚守在农业一线，在天地中挥洒汗水，奉献青春。

1. 不忘初心，坚守农业第一线

许丽丽同志深知思想是行动的指南，只有在思想上坚定了理想信念，方能在实际行动中走出坚定的脚步。她当初选择学农，就树立了要扎根农业、服务"三农"的志向。参加工作后，坚定的理想信念使她很快进入角色，并沉下

调查种质资源野生萝藦

心深入农田，扎实的基础知识让她很快就胜任了工作。

种管站既专业、精深，又综合、宽广，涉及品种、栽培、植保等诸多知识。要做好种管站的工作除了需要熟练掌握数十个农艺性状和生物学特性的观测方法，即会"看品种"，更需要通过精细栽培将每个品种的性状特征真实地反映出来，因此"懂栽培"是做好种管站的第一关。为了弥补这一方面的不足，她主动向前辈取经，查阅文献、探究同行的试验总结，通过摸索和思考，很快就掌握了玉米、小麦等作物的栽培技术要点，摸清了其病虫草害的发生规律和防治措施，积累了丰富的实践经验。

2. 刻苦钻研，开拓事业新方向

习近平总书记指出，种子是我国粮食安全的关键，只有攥紧中国种子，才能端牢中国饭碗。在日常的工作中，许丽丽经常说："种子战争是一场看不见硝烟的战争，农田就是我们战斗的最前线，育种无止境，好品种推广亦无止境。"面对种子"卡脖子"技术难题，更能体会农民的急难愁盼，为此参与到农作物种质资源的系统调查和收集工作，深入农村，走进田间地头，与村干部座谈、寻访老农户，收集野生萝藦、白八趟玉米、百年老梨、百年桑葚、百年海棠果和本地苹果等40余种质资源线索。并对收集的种质资源样品完成了拍照登记、规范信息标注、完善种质资源普查征集表等工作。

调查种质资源海棠果

3. 深耕农业，厚植服务新使命

作为一名技术人员，不仅要懂农业技术，还要关心农村发展和农民需求，知道如何因地制宜把各类实用的技术带给各地的农民，让农民增产增收。许丽丽是这么想的，也是这么做的。

阜城"百年梨园"位于阜城县霞口镇，它东邻京杭大运河，素有"中国鸭梨博物馆""运河古梨第一乡"之雅称。园内现存百年以上古梨树10 000余株，其中，刘老人村百年以上老梨树5 000多株，经河北省住建厅名木专家委员会专家逐树龄测定，380年以上的古梨树2 000余株。该园所有古梨树均流转到阜城县多维生态农业科技有限公司统一经营，全部按照标准化、无公害化方式进行精心管护，精施有机肥，不打除草剂，不抹膨大剂，用生物农药，所产"刘老人"牌百年老梨，皮薄汁多，肉质细嫩，清脆香甜，含铁、镁、钾、硒等元素，深受市场和广大消费者欢迎，2020年被中国绿色食品发展中心认定为绿色食品A级产品。

为了使农业生产技术指导到位，许丽丽经常奔走于梨园田间，并与当地农技人员和农民沟通，倾听农业一线的需求、意见和建议。在百年老梨生长的关键时期、关键环节，许丽丽总是第一时间深入果园调查长势，也不忘及时提醒农户该施肥了、该打药了、该灌水了，农户遇到问题打电话请许丽丽去果园看看，无论是周末还是节假日，许丽丽毫不犹豫第一时间赶到现场，帮农户分析原因，提出补救措施。

许丽丽还发挥传帮带的精神，把知识和经验毫无保留地传授给每一位新入职的同事，当好新进年轻干部的第一位导师。许丽丽经常告诉年轻同事：生产第一线是最锻炼人的地方，你只有亲手播下种子、参加每一次施肥打药、亲手测量数据，才能真正了解农业了解农民，才会为自己找到工作的动力源泉。在许丽丽的带领下，年轻干部不再迷惘，专心田地，提升了自己的专业理论功底和实践能力，在乡间田野中壮筋骨、长才干。

许丽丽同志为农服务十几载，默默耕耘，抛洒青春和汗水。以一名农技人员的责任，始终恪守全心全意为人民服务的宗旨，做好本职工作，服务农业生产，兢兢业业做事，踏踏实实做人，用精湛的技术、突出的业绩，在平凡的岗位上编织出华美的篇章。

调查种质资源本地苹果

供稿人：阜城县种子管理站　许丽丽

（十）农作物种质资源守护者
——农业生物资源保存中心耿立格

农作物种质资源是推动种业振兴保障粮食安全最重要的物质基础和战略资源。"收集保护好农作物种质资源是我们种质资源工作者义不容辞的责任"，守护农作物种质资源20多年的河北省农业生物资源保存中心主任耿立格研究员充满感情地说，保护好河北省农作物种质资源已成为她生命的一部分。作为第三次农作物种质资源普查与收集的核心专家，耿立格参加了3年项目实施方案的制定，开展了2次中国农业科学院农作物种质资源系统调查专家培训，2次市、县普查征集培训，参加培训的专家和技术人员达300余人次。

2020—2022年，耿立格带领调查队奔波近12 403km，不辞辛劳，在当地农业农村局的支持下，省（市）农业科学院专家共同努力下，完成高邑县、行唐县、安新县、阜平县、围场满族蒙古族自治县、平泉市、隆化县7县（市）41乡镇97村农作物种质资源调查，共计收集到599份农作物种质资源，其中，包括毛毛亮谷子、野生牧草资源羊草等特异资源，野生大豆资源圆叶大豆、谷子资源龙兴黄等珍稀资源，围场满族蒙古族自治县谷子资源二道沟金镶玉、平泉市小寺沟甘蔗高粱、高邑县酥棒菜瓜、牧草紫花苜蓿等优异资源，圆满完成7县（市）农作物种质资源的抢救性收集任务。

农作物种质资源收集登记、整理提交是一项基础性工作，但要求专业性强，科研人员还要具有高度的责任心，严谨不浮躁的工作态度。第三次农作物种质资源普查与收集，保存中心设置了专人分别负责种子接收登记、数据整理规范、作物分类入库及提交、数据库建设。由于3年新冠疫情，在时间紧迫的情况下耿立格带领团队，节假日不休息，特别是2022年6月以后，是第三次普查与收集的攻坚阶段，普查与收集的种子密集送至保存中心，团队成员人员少，任务重，白天整理种子，晚上规范数据信息。隔离居家期间进行数据分析，与项目团队各方及国家库（圃）沟通。为高质量完成任务，对送来的种子进行清选、发芽率检测，数量和质量达不到要求的及时反馈信息进行再收集。为加快进度，每月数据汇总上报进展，在项目各方支持和密切配合下，于2023年3月底完成6 773份种质资源提交普查办、216份无性繁殖材料入国家种质圃，确保了提交资源信息和实物的一一对应。第三次普查与收集河北省共提交资源实物6 989份，信息数据包含文字、图片等40GB，圆满完成项目的任务指标。

在第三次全国农作物种质资源普查与收集行动中，耿立格积极推进种质资源的评价展示工作，评价展示资源3 435份次，与育种团队对接，直接提供种质创新和育种利用。建设完成河北省农作物种质资源普查收集数据库，保存数据涵盖了普查收集农作物种质资源分布、图像和地理生态、生境数据，以及初步鉴定的生物学、形态特征，集成到河北省农作物种质资源管理与共享服务平台，完善了平台资源征集、收集环节，为本次河北省农作物普查收集行动画上了圆满的句号。

正是有了像耿立格这样的守护者，农作物种质资源才能得到更好的发现和保护，传承和利用，在保护和传承中为人类的粮食和生态安全保驾护航。

农作物种质资源普查与收集过程展示

供稿人：河北省农林科学院粮油作物研究所　耿立格

（十一）一线普查人员的平凡工作

——围场满族蒙古族自治县农业种质资源普查

第三次全国农作物种质资源普查与收集工作历尽4年已接近尾声，整理材料才发现这几年的工作很有成效，为种质资源普查工作提供了科学依据，为围场满族蒙古族自治县以后的种质资源保护工作奠定了基础，优秀的种质资源及时得到保存、收集，数据录入、移交上报。确保第三次全国农作物种质资源普查与收集工作顺利完成，作为一线普查人员尽职尽责，积极响应国家号召投入种质资源普查工作。

围场满族蒙古族自治县种子管理站2019年接到关于第三次全国农作物种质资源普查与收集工作的通知后立即组织普查小组开展工作，此次普查共分3个阶段。

第一阶段主要是收集历史资料走访老农业工作者，整理填报1956年、1981年和2014年3个阶段的普查表历史数据和统计工作。通过文献资料查阅、资源分布调查，去档案馆、统计局、农工委等机关单位借阅围场满族蒙古族自治县县志、农业志及国民经济统计文献等资料填报历史数据，走访老农业工作者收集历史资料及相关数据的完成。

第二阶段主要宣传号召围场满族蒙古族自治县广大人民群众自上而下了解知道并积极参与第三次农业种质资源普查与收集工作，充分认识种质资源普查与收集工作的重要性和重要意义。组织全县机关单位及围场满族蒙古族自治县37个乡镇、215个行政村开展种质资源普查与收集工作。着重下乡镇入村开展座谈工作，张贴种质资源普查通告及条幅，种质资源丰富的乡镇组织相关人员进行培训调研。

第三阶段也是历时最长、最耗费精力、爬山涉水游历最多最难完成的工作，种质资源普查采集收集整理填报，资源保存邮寄工作。这项工作经常无功而返，有时听说某个乡镇某个村有资源，普查工作人员兴高采烈地跑去，可到现场一看，一天下来还没有收集到可以利用需要保护的资源，累了一天却毫无收获，晚上吃饭的时候都吃不香，没话可说，心里不是滋味，没完成任务不说又没找到有用的资源又白跑一趟。截至2022年，围场满族蒙古族自治县种子管理站普查组共向河北省上报43个品种邮寄43个样品，圆满完成了上级的要求指示。

2023年河北省专家组在围场满族蒙古族自治县还收集了95个样品，特别提出的是原来普查小组的工作人员在这次种质资源普查工作中，只对当地的粮食类、水果类老品种资源进行了收集，受收集品种的局限性，目前只收集并上报了43个品种。河北省专家组来之后提醒牧草也可以作为此次普查的重点，普查工作人员立即扩大普查收集范围，围场坝上就是草原，应该就有很多牧草资源可以收集。会上专家刚说完，普查组组长立即就向围场坝上红松洼牧场的领导打电话询问牧草事宜。第二天普查小组工作人员带领省专家组到红松洼牧场实地考察，到了坝上经红松洼的牧草专家介绍，围场满族蒙古族自治县有牧草资源近千份，有的已经濒临灭绝急需保护。河北省专家组听取汇报后在实地考察现场就地做起了标本，还兴奋地说这趟来围场可值了，有好多牧草都没见过，不认识，大开了眼界，这里的资源好多太需要保护起来了。听着河北省专家组这样说，作为一线的普查工作人员心里顿时觉得这次种质资源普查可算有成绩了，能高质量地完成任务了，能为围场、为河北省、为全国收集保护提供更多更好的种质资源，这一次种质资源普查才更有意义啊。最后，经过甄别鉴选选出15种牧草资源，丰富了围场满族蒙古族自治县的种质资源保护体系，为选育农作物新品种、发展现代农业、保障粮食安全提供物质和技术支撑。切实为国家健全种质资源收集、鉴定、保护、创制、登记等管理制度，提高农作物种质资源保护与利用的能力和效率作出贡献。

供稿人：围场满族蒙古族自治县农业农村局　　石丽娜

（十二）服务"三农"，奉献"三农"

——唐山市农作物种子站梁利娜

农谚说，种瓜得瓜，种豆得豆，这既是对遗传现象的形象阐述，也是对种质资源重要性的生动描述。农作物种质资源是保障国家粮食安全和重要农产品有效供给的战略性资源，高效地开展农作物种质资源普查与收集，不仅能够丰富农作物种质资源的数量和种类，同时也能提供优质的育种材料，对于推动种业振兴起到重要作用。在唐山市种质资源普查与收集行动实施过程中，唐山市种子站梁利娜同志认真学习普查知识，熟练掌握系统填报等相关业务，利用工作及业余时间对各普查工作人员进行细心指导，为唐山市种质资源普查与收集工作的完成起到了重要作用。

1. 细心指导，确保普查系统填报保质保量完成

在普查工作开展初期，梁利娜认真学习普查相关知识，积极参加培训，认真记录，除工作日外，利用周末时间研究、实践，争取尽快熟悉和掌握系统填报等业务工作。唐山市共计9个普查县，各普查县负责该项工作的同志有些年龄较大，对于电脑填报等工作有些困难，梁利娜同志对他们进行耐心指导，一步一步讲解系统填报过程，利用自己的下班时间，周末休息时间，与各普查县的负责同志进行沟通指导，确保种质资源普查系统填报工作高效有序完成，在大家共同努力下，战胜各种困难，保证了系统填报工作保质保量完成。与此同时，梁利娜通过参加中国农业科学院举办的蔬菜种质资源研修班，丰富自身种质资源知识和理论基础。

2. 深入县区，确保重要种质资源收集与邮寄

唐山市种质资源种类丰富，而且有本市特有的优异种质资源种类，如包尖白菜、玉田大葱、老蚧黄瓜、胭脂稻、唐山秋瓜、东陵白玉米等等。优异种质资源进行及时有效收集，并按照相关要求邮寄至接收单位，对于品种的保护与开发利用，具有重要的意义。在各普查县种质资源收集过程中，梁利娜同志深入县区，对收集过程中的注意事项进行细心指导，及时与接收单位进行沟通，为样品保存和邮寄过程中不被损坏提供了保障。

3. 分门别类，确保各类普查文件整齐有序归档

普查与收集完成后，各类文件错综复杂，由于涉及的普查县较多，各类政策文件、普查表、收集表数量较大，急需进行及时有效整理。梁利娜同志认真整理各类政策文件，有序汇总各普查县相关资料，分门别类，将普查文件有序存放、归档，并将唐山市数据及时上报至河北省站相关科室，确保了唐山市种质资源普查与收集工作高效有序完成。在文件整理过程中，由于数量较大，梁利娜时常周末加班，利用自己休息时间保障种质资源普查与收集工作高效完成。

作为一名普普通通的基层农业工作者，梁利娜同志热爱自己的本职工作，并通过自身的不断学习和努力，确保本职工作高效完成。在本次种质资源普查与收集行动中，梁利娜用自己的实际行动诠释了对工作，对农业的热爱，得到了各普查县负责同志的一致好评，同时也用自己的工作精神和工作态度影响着身边的每一位同事，用热忱和热爱，服务"三农"，奉献"三农"。

供稿人：唐山市农作物种子站　梁利娜

四、经验总结篇

河北省在普查行动中总结的成功经验

1. 建立一支团结协作、专业素质过硬的调查队伍

农作物种质资源系统调查和收集专家团队主要来自河北省农林科学院不同兄弟单位和地市农科院，作物专业不同，年龄结构不同，协调配合，分工合作。大家都能意识到资源普查和收集行动的重要性，为尽快顺利圆满完成资源收集任务目标，不断克服疫情和工作繁忙等困难，在资源收集过程中，充分发挥各自专业优势，集思广益，齐心协力，明确分工（粮食和油料作物主要由粮油作物研究所专家负责、蔬菜类作物主要由经济作物研究所专家负责、果树类作物主要由石家庄果树所和昌黎果树所专家负责、牧草绿肥等作物由资源环境所专家负责）。如果某些专家科研任务紧，无法排开时间，相同业务专家及时顶上，保证不同专业专家团队的相对完整，能够实时完成相关农作物资源信息的描述收集等工作环节，完善调查电子表格填写和数据录入，并及时提交国家种质库。在团队各位专家和调查县，以及科研成果基地负责人共同努力下，最终圆满完成了各项任务指标。

2. 大力宣传农作物资源调查收集的意义和作用

广泛宣传第三次全国农作物种质资源调查与收集的重要意义，传达学习农业农村部《第三次全国农作物种质资源普查与收集行动实施方案》（农种发〔2021〕1号）和河北省农作物种质资源普查与收集行动实施方案的具体安排（详见冀农发〔2021〕71号），结合农业农村部种业管理司《关于做好第三次全国农作物种质资源普查与收集行动2022年度工作的通知》（农种畜函〔2022〕3号）的要求，开展本次工作内容，营造浓厚的农作物种质收集氛围。从思想上重视，行动上配合，发挥农业农村局主管农业部门的主观能动性，提供信息和渠道，由专业人员进行收集整理入库。

涉县技术指导

3. 充分发挥老品种种植基地、种植大户和土专家、老把式的作用

平原地区良种普及率较高，品种更新快，地方资源收集难度较大。但多数当地的种植专业合作社、种植大户往往手头有很好的种质资源；且一些有热情的土专家、老把式往往存在农业怀旧的心态，特别关注一些传统或者地方种质的分布和传播。依靠地方农业部门，充分利用这些智力资源和信息渠道，争取他们的帮助，需要进行深入细致长期的调查走访、现场考察和会议座谈，不放过每一个机会，不放过任何可能性，积极寻找有价值的线索、有挖掘的目标，有收集的种质。制定了有奖征集措施，对提供优异种质

资源线索的每个人给予适当的现金奖励，奖励政策极大地调动了广大农户提供资源线索的积极性。此外，发动广大人民群众，强化农民的认知，适当给予科技服务帮助或农资补贴，让农民主动帮助我们收集多样化优异特异资源。

4. 创新工作方法

确定调查核心区。为了做好农作物种质资源普查与征集工作，以涉县为例，选择以王金庄村为核心的旱作石堰梯田系统为调查重点区域。涉县旱作石堰梯田系统2014年被农业部认定为第二批中国重要农业文化遗产，2022年被联合国粮农组织认定为"全球重要农业文化遗产"。当地人在适应自然、改造环境过程中，充分利用当地独特的地理气候条件和丰富的食物资源，创造出了独特的山地雨养农业系统，保存了大量的重要农作物种质资源。以该地区为调查核心区，主要基于该区传统作物品种资源丰富，村民种植传统农作物品种的传统一直延续保留了下来。可以更好地开展工作，完成种质资源的征集任务。

梯田传统作物品种种质资源普查

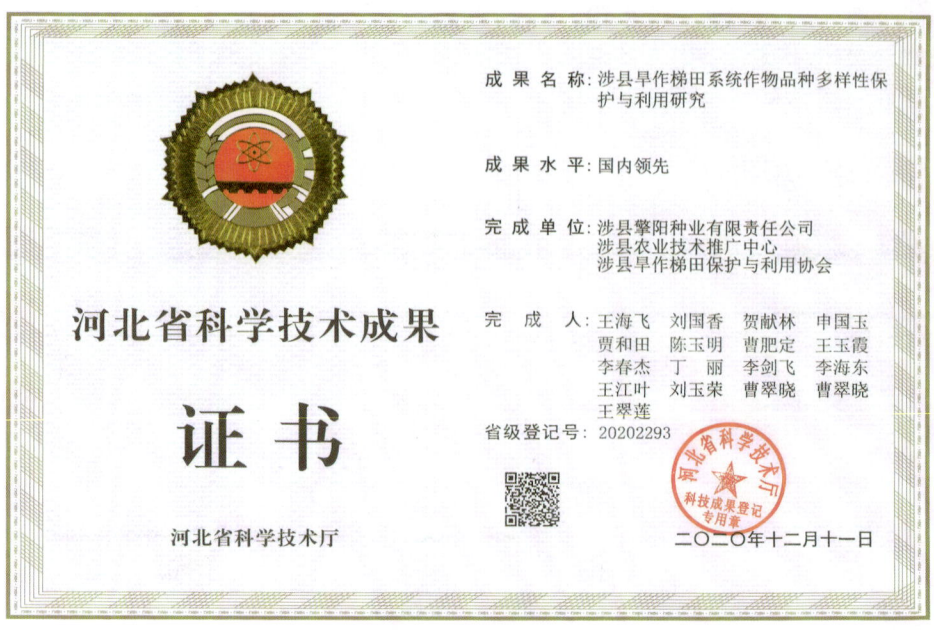

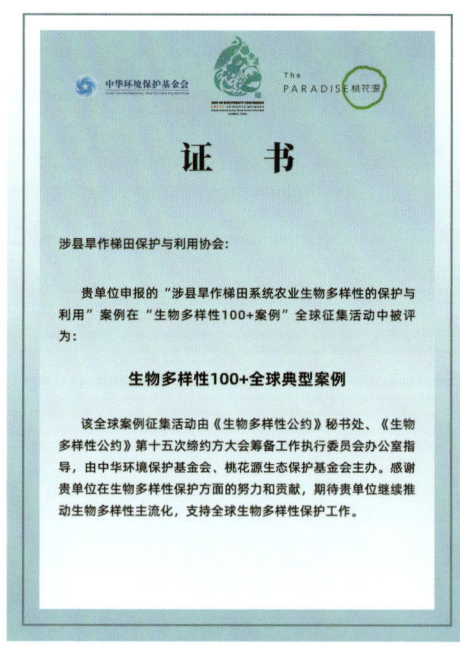

获奖证书

供稿人：河北省农林科学院　　高翔　张建斌
　　　　河北省农林科学院粮油作物研究所　李　辉
　　　　河北省农林科学院经济作物研究所　王明秋、梁玉芹
　　　　河北省农林科学院谷子研究所　全建章
　　　　河北省种子总站　刘素娟　刘志芳

安徽卷

一、优异资源篇

（一）杨三寨神韭菜

种质名称：杨三寨神韭菜。

作物及类型：韭菜，野生资源。

来源地：安徽省六安市霍山县。

种植历史：600年以上。

主要特征特性：直播或移栽。具有耐寒、耐旱、耐贫瘠、耐老等特性，长势比较旺盛。杨三寨神韭菜生长于安徽省六安市霍山县东南山区，是当地一种古老的野生品种，其生长历史可追溯至明朝，甚至更早。杨三寨神韭菜生长环境比较特殊，主要生长在杨三寨岩石凹处或岩石上有土的地方。株高60～70cm，叶宽0.5～0.7cm，食味鲜美、原味浓郁。种子等可入药，具有补肾、健胃、提神、止汗固涩等功效。当地百姓称其为"神韭菜"。

杨三寨神韭菜

供稿人：安徽省农业科学院　荣松柏

霍山县农业农村局　李国宏、严　江

（二）芮枣

种质名称：芮枣。
作物及类型：枣，地方品种。
来源地：安徽省宣城市旌德县。
种植历史：500年以上。
主要特征特性：扦插栽培。一核双仁，罕见；既可鲜食又可加工为干果；历史悠久，承载本地旌阳贡枣文化传统，文化底蕴深厚。枣栽培品种通常无仁或者单仁，给枣的杂交育种带来了极大困难，得不到或者很少得到有性杂交后代。该资源"一核双仁"，实属罕见，应用于枣的杂交育种，能够解决一般无仁品种得不到有性杂交后的问题，将对枣的杂交育种起到巨大的推动作用。此外，该资源承载着500年以上旌阳贡枣种植、加工、药食同源等历史农耕文化。

芮枣

供稿人：宣城市农业农村局种子站　熊克巍
　　　　旌德县农业农村水利局　陈恩全、程加根

（三）庄红贡米

种质名称：庄红贡米。
作物及类型：水稻，地方品种。
来源地：安徽省阜阳市颍上县。
种植历史：700年以上。
主要特征特性：育苗移栽。色泽红润、香味四溢、口感甚佳、营养丰富。民间传闻起源于古时妙三姐择高地、建台庄、种红米、助力乡人恢复农耕生产的故事，后被作为明朝贡米。经实验室检测，富含铁（38.9mg/kg）、锌（25mg/kg）等元素，远高于铁定量值2.5mg/kg、锌定量值3mg/kg；食味以泰国香米（80分）为对照，评分高达90分，口感极佳，极具开发价值。

庄红贡米

供稿人：安徽省农业农村厅　陈　钧

颍上县种子公司　胡秀松、张磊

（四）红苞谷

种质名称：红苞谷。

作物及类型：玉米，地方品种。

来源地：安徽省安庆市岳西县。

种植历史：60年以上。

主要特征特性：直播或育苗移栽。食用、饲用均可，口感软，抗病性好。岳西县是安徽省大别山山麓的革命老区，山多地少，长期以来交通不便，与外界联系交流困难。农民靠少量山地种植粮食维持生活。红苞谷产量相对其他作物较高，是饥荒年代的主要口粮。由于饮食习惯，老人仍保留少量种植。株高266cm左右，株型半紧凑型，穗位110cm左右，穗长20cm，亩产210kg，后期轻感纹枯病，抗锈病，籽粒带红黄色花纹，硬粒型。

红苞谷

供稿人：岳西县农业农村局　徐华贵、王　甜

（五）金寨小黄姜

种质名称：金寨小黄姜。
作物及类型：姜，地方品种。
来源地：安徽省六安市金寨县。
种植历史：200多年。
主要特征特性：一年生草本植物，起垄栽培。姜果切面纯黄色，味辛辣浓，肉细嫩，味香，纤维较细。姜辣素比其他生姜品种高。根茎食用或入药。金寨小黄姜种植面积5 000多亩，一般亩产2 500kg左右，产值12 000元以上，亩经济效益6 000元以上，为金寨县产业脱贫作出了重大贡献。

金寨小黄姜

供稿人：金寨县农业农村局　刘卫民

（六）徽椒

种质名称：徽椒。
作物及类型：辣椒，地方品种。
来源地：安徽省黄山市歙县。
种植历史：50年以上。
主要特征特性：直播或育苗移栽。辣香味好，口感好。歙县是皖南山区黄山市所辖县城，历史上属徽州，山区气候阴冷多湿，当地百姓生活中多以辣增暖祛湿，辣椒在当地多有种植。在作物培育品种少，商品几乎无流通的年代，徽椒又称许村土辣椒，具有抗病虫能力强，抗旱力好等特点，是当地广为流传家家户户种植的主要辣椒品种，适合做辣酱，也是徽菜的重要配料。随着经济发展等原因，产量高的辣椒新品种逐渐替代了地方老品种，该资源目前仅存于偏远山区乡镇个别年纪较大的农户家，处于濒临灭绝境地。

徽椒

供稿人：歙县农业技术推广中心　江小伟、童秋云

（七）鹰爪粟

种质名称：鹰爪粟。
作物及类型：黍稷，地方品种。
来源地：安徽省安庆市岳西县。
种植历史：100年以上。
主要特征特性：直播。优质、耐涝、耐旱、耐贫瘠。种植历史悠久。当地百姓有用（鹰爪粟）糁子米催芽晒干后磨粉，制作甜芽粑的习俗。可酿酒，煮粟粥、煮粟浆等，还能做婴儿枕头的枕芯，具有益智养性作用。一般亩产150kg以上，目前在全省种植面积极小。其籽粒含有丰富的天然有机硒、锶、铁、锌、锂、锗，并含有19种氨基酸及维生素，特别是含有丰富的抗衰老物质，例如锶、硒、维生素E。对养胃消暑，肠胃腹泻有独特的疗效。蛋白质含量高达7%，胆碱和亚油酸含量也较高，通经活血。有"黑珍珠"的美誉，具有很好的开发利用价值。

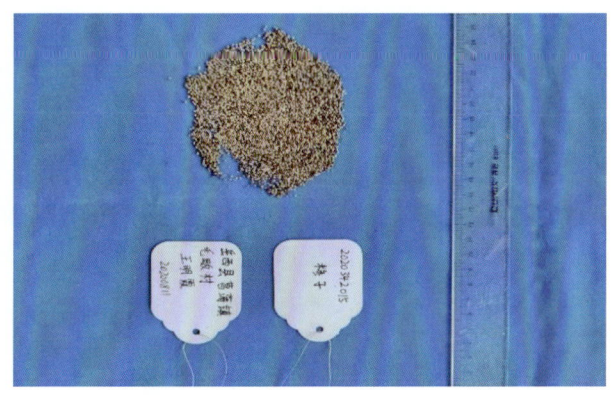

鹰爪粟

供稿人：安徽省农业科学院　赵西拥
　　　　岳西县农业农村局　肖志红、刘同发

（八）贡柿

种质名称：贡柿。

作物及类型：柿，地方品种。

来源地：安徽省阜阳市临泉县。

种植历史：600年以上。

主要特征特性：扦插。香气浓，口感好。明代该柿制成的柿饼曾被人作为贡品献给皇帝品尝，并获得嘉奖，因而声名远播，人皆称之为"贡柿"。现在仅存明代古贡柿树1棵。

贡柿

供稿人：安徽省农业科学院　荣松柏
临泉县农业综合行政执法大队　晁元上、陈俊生

（九）"红灯笼"辣椒

种质名称："红灯笼"辣椒。

作物及类型：辣椒，地方品种。

来源地：安徽省六安市霍山县。

种植历史：100多年。

主要特征特性：直播或育苗移栽。皮薄肉厚、辣中带甜。"红灯笼"辣椒采集于皖西大别山革命老区——霍山县。辣椒果实外形呈椭圆形，色泽艳红，似倒挂的红灯笼。20世纪90年代，时任安徽省委书记汪洋在安徽省工作期间，联系霍山县上土市镇扶贫攻坚工作时，积极推动发展辣椒产业，并命名其为"红灯笼"辣椒，之后"红灯笼"辣椒成为当地农民致富增收的特色支柱产业。"红灯笼"辣椒为地方区域品种，栽培历史100多年，主要分布在霍山县内的漫水河镇、上土市镇、太平畈乡和太阳乡，具有典型的区域性。"红灯笼"辣椒，叶大小中等，圆形、卵圆或椭圆形，根系发达，二杈分枝，植株高大，单果重25～50g，是当地脱贫攻坚、帮扶贫困户脱贫增收和乡村振兴的重要支撑产业。

"红灯笼"辣椒

供稿人：安徽省农业科学院　王明霞
霍山县农业农村局　马贤炳、何新祥

（十）"六月黄"枇杷

种质名称："六月黄"枇杷。
作物及类型：枇杷，地方品种。
来源地：安徽省黄山市歙县。
种植历史：40年以上。
主要特征特性：育苗或嫁接。"六月黄"枇杷果形圆润，色泽艳丽；皮薄肉厚，甜酸适度；肉嫩多汁，细腻化渣，清香爽口。"六月黄"枇杷是枇杷中的一个优质品种。歙县徽城镇南屏村村民20世纪70年代末分得一片枇杷园，其中，有一株自然变异枇杷树所结枇杷成熟期特别迟，较当地品种晚1个月左右。另外，该资源还较耐高温、多雨天气，实属罕见，应用于枇杷的杂交育种，能够解决一些更优质枇杷品种抗性低，特别是易受日灼、裂果影响的缺陷，迟熟性状对拉长枇杷上市期具有积极作用。

"六月黄"枇杷

供稿人：安徽省农业科学院　宁志怨
歙县农业技术推广中心　方立群、庄世荣

（十一）祁门小红橘

种质名称：祁门小红橘。
作物及类型：柑橘，地方品种。
来源地：安徽省黄山市祁门县。
种植历史：100年以上。
主要特征特性：育苗或嫁接。祁门小红橘，树高3~4m，果实扁圆形，朱红色，口感酸甜、果香浓郁；产量高、耐贫瘠，坡地、山地均可种植。祁门小红橘，栽种历史悠久，清同治年间《祁门县志》就有记载，当地至今仍有百年以上的老红橘树，枝干完整，年年结果。祁门小红橘抗逆性强，特别是耐寒性突出。据《黄山市农业志》记载：1966—1967年冬春长期干旱，1973—1974年遭遇-10.4℃低温和强烈的东北寒风，祁门小红橘仍能普遍存活。1991年12月29日，祁门县遭遇-13.2℃极限低温。翌年春，调查组开展柑橘冻害调查，其他柑橘品种大面积冻死，但种在半山腰的祁门小红橘冻害仅在3~4级，种在谷地的祁门小红橘冻害小于5级，冻后第三年小红橘普遍恢复挂果，生机旺盛。其耐寒性、丰产性明显，具有很好的开发利用价值。

祁门小红橘

供稿人：祁门县农技推广中心　严康泉、汪少波

（十二）"弋江籽"紫云英

种质名称："戈江籽"紫云英。
作物及类型：紫云英，地方品种。
来源地：安徽省芜湖市南陵县。
种植历史：2 000多年。
主要特征特性：稻田轮作或稻田套播。紫云英是主要的绿肥作物，翻压肥田可做肥料，嫩梢可食，能做菜用。当地农谚说："一年红花草，三年地脚好"。南陵县紫云英

"弋江种"（当地农民俗称"弋江籽"）原产于南陵县境内的千年古镇弋江镇，属古宣城郡所在地。此地种植利用紫云英历史悠久，至今已有近2 000年的历史。

"弋江籽"紫云英是弋江镇特有品种，与其他品种在形状、颜色、特性等方面有明显区别。其氮含量高达4%、生物能量大、产草量高（可达2 800kg/亩）、熟期适中，且适应性强、抗寒耐湿，曾经受过-17℃低温考验，对菌核病、白粉病均有一定抗性。

紫云英种植是提升耕地质量、提高农产品质量的需要，也是发展绿色、有机农业，建设现代农业，实行节能减排和环境保护的需要。

"弋江籽"紫云英

供稿人：芜湖市农业农村局　葛小平
南陵县种植业服务中心　何　毅、金　钟

（十三）七井黑玉米

种质名称：七井黑玉米。
作物及类型：玉米，地方品种。
来源地：安徽省池州市石台县。
种植历史：100年以上。
主要特征特性：育苗移栽或直播。七井黑玉米种植在石台县海拔500m以上的七井山，境内山峦起伏、群峰耸立，常年云雾缭绕，气象万千。七井黑玉米栽培历史悠久，《石台县志》农牧渔业志中就有关于黑玉米的记载。其是一种珍贵的保健果蔬玉米，历史上曾是朝廷贡品，一直种植至今，也是七井山的一大特产。穗形独特，精致小巧，色泽墨黑，口感黏香醇厚，被誉为当地"七宝"之一。其籽粒富含水溶性黑色素及人体必需的微量元素，尤其是重要保健元素硒含量十分丰富，且富含蛋白质、氨基酸、果酸、果胶、多种维生素，是一种具有多重保健功效的黑色食品。

七井黑玉米

供稿人：石台县农业技术推广中心　李东红、赵鄞瑞

（十四）苏赵梨

种质名称：苏赵梨。

作物及类型：梨，地方品种。

来源地：安徽省亳州市谯城区。

种植历史：300年以上。

主要特征特性：育苗或嫁接。香脆可口、果肉纯白；甜中带香、味正多汁，具有食之无渣、落地即碎的独特品质。苏赵梨产于亳州市谯城区苏赵村，最老的梨树已有360多年。据传乾隆下江南时曾品尝过苏赵梨，并指定其为贡品，这就是百年贡梨的由来。

苏赵梨是当地古老的地方品种，据测算其糖含量高达16%，比普通梨高5%，品质超过闻名遐迩的砀山酥梨。苏赵梨以其表面光洁，个大丰满，多汁酥脆，营养丰富等特点，深受消费者喜爱。苏赵梨为引领当地特色产业发展、脱贫攻坚起到了积极的示范引领作用。

苏赵梨

供稿人：亳州市农业农村局　苏　莉
亳州市谯城区农业技术推广中心　姜　山、兰　金

（十五）临涣包瓜

种质名称：临涣包瓜。

作物及类型：甜瓜，地方品种。

来源地：安徽省淮北市濉溪县。

种植历史：100年以上。

主要特征特性：直播或育苗移栽。皮薄肉厚，生涩熟酸，不宜鲜食。酱制后，脆嫩清香，久藏不变质。临涣包瓜，又名女儿瓜，是安徽省濉溪县部分乡镇特有菜瓜。有青皮和白皮两种包瓜，主要是作为当地特产"临涣酱包瓜"的原料。除当地作为制作酱菜的原料种植以外，别处罕有种植。

"临涣酱包瓜"起源于清咸丰七年（公元1857年）——光绪初年（公元1875年），历经百年，"临涣酱包瓜"经久不衰。目前濉溪县"临涣酱包瓜"年销量达500多万千克，受到市场的充分肯定。全县现有"临涣酱包瓜"原料种植基地500多亩，当地群众掌握有成熟的种植技术并对"临涣酱包瓜"怀有深厚的感情。

临涣包瓜

供稿人：濉溪县农业综合行政执法大队　周维军、杨文胜

（十六）黄石茶

种质名称：黄石茶。

作物及类型：茶，地方品种。

来源地：安徽省池州市青阳县。

种植历史：100年以上。

主要特征特性：育苗或扦插。产量高，耐寒、耐旱性强，味道佳。该资源起源于安徽省青阳县陵阳镇九华山巅黄石溪的老虎洞、狮子洞、道僧洞一带，种植历史久远。发芽密，出茶早，通常一芽一叶期为3月26日至4月1日，一芽二叶期为4月1—6日，具有抗

病虫性强、矿物质积累多、气味芳香浓厚等特点。是当地出茶较早的品种，相对于普通品种上市早，利用价值较高。

黄石茶

供稿人：池州市种子管理站　许兴旺
青阳县农业技术推广中心　丁树忠、张广才

（十七）渣济斤八对

种质名称：渣济斤八对。
作物及类型：豇豆，地方品种。
来源地：安徽省宣城市泾县。
种植历史：100年以上。
主要特征特性：直播或移栽。1kg有32个豆荚，口感好，产量高。渣济村坐落于安徽省泾县，是中国现存最大的古民居群之一，至今已有1 380余年的历史。豆角是渣济人日常生活中常见的一种蔬菜，可鲜食，味道爽口、鲜美，更多时候作为干菜食用。在渣济村昔日过节过年，"一品锅"为主要菜品。干豆角是"一品锅"中重要不可缺少的一种蔬菜。该资源在当地代代相传，种植

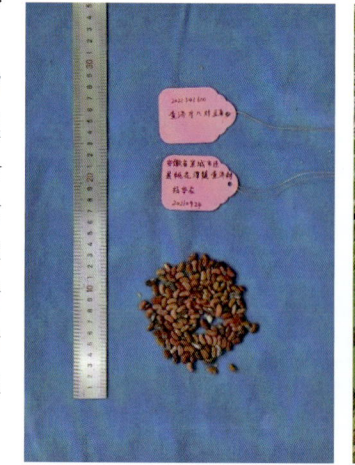 

渣济斤八对

历史已超百年。该豆角花多以8对花序为主，结8对角果，一般8对豆角差不多0.5kg，故当地百姓取名"斤八对"。

供稿人：安徽省农业科学院　荣松柏
泾县种植业技术推广中心　万有保、余倩倩

（十八）白际山芋

种质名称：白际山芋。
作物及类型：甘薯，地方品种。
来源地：安徽省黄山市休宁县。
种植历史：500年以上。
主要特征特性：育苗扦插。红皮黄心，甜度高。该资源是皖南山区深山中常年种植的地方品种，种植历史悠久。相对于普通品种具有高产、优质、抗病、抗虫、耐寒、耐贫瘠等众多优点，是早年当地百姓赖以生存的重要粮食。制成的"白际红薯干"，已成为舌尖上的美味，承载传播徽州文化、助力当地产业发展的"软黄金"。

白际山芋

供稿人：黄山市农业技术推广中心　王淑凤
休宁县农业技术推广中心　黄　洁、方永新

（十九）阳台青皮豆

种质名称：阳台青皮豆。
作物及类型：大豆，地方品种。
来源地：安徽省黄山市休宁县。
种植历史：100年以上。
主要特征特性：直播。阳台村坐落于皖南山区，高山林立，交通十分不便利。皖南农业耕地较少，长期多以种植杂粮为主，大豆是安徽省皖南人日常饮食中常用的一种食材，阳台青皮豆主要用作蔬菜；做豆腐比一般黄豆出浆率高，产量较高，单产在

150~200kg，具有一定的抗病、抗虫性，抗旱耐瘠性能好，被当地老百姓长期代代流传下来。休宁五城茶干主要原料之一。

阳台青皮豆

供稿人：黄山市种子管理站　徐建新
休宁县农业技术推广中心　陈宝才、甘成余

（二十）"春不老"白菜

种质名称："春不老"白菜。
作物及类型：白菜，地方品种。
来源地：安徽省六安市霍山县。
种植历史：100年以上。
主要特征特性：直播或移栽。种植方便，抗逆、高产、适口，上市早、采摘时间长。是春夏蔬菜青黄不接补缺的当家蔬菜品种。地方白菜品种，当地人俗称"春不老"。"春不老"白菜栽培历史悠久，据调查在当地种植已有100多年的历史。"春不老"白菜属十字花科，株型高大，商品菜株高可达35~50cm，开展度40~45cm，单株成叶数20~30片，单株重1~1.5kg。商品菜采收期长，可达150d以上，生育期达180~200d，9—10月种植，翌年4—5月抽薹开花。抗病力强，耐肥，抗寒力极强，可生长在1000m以上高寒山区。抽薹迟，食味霜降前微苦、霜降后苦中带甜。它成熟早、产量高，对克服春末淡季起着很大的作用，是"春缺"期

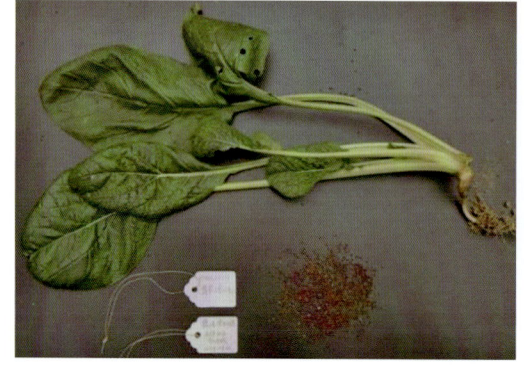

"春不老"白菜

蔬菜品种中的当家菜。

供稿人：安徽省农业农村厅　燕　丽
霍山县农业农村局　马贤炳、何新祥

（二十一）四角菱

种质名称：四角菱。
作物及类型：菱，野生资源。
来源地：安徽省宣城市郎溪县。
种植历史：1 000年以上。
主要特征特性：野生水生。有消暑解热、除湿祛风、益气健脾、解毒等功效。菱角多为2角和3角菱，4个刺角性状特别，当地虽菱角资源丰富，但该资源数量稀少，可作为新育种材料，具有研究价值。此外，该资源被当地百姓作为药食同源食物，承载着千年以上的历史农耕文化。

四角菱

供稿人：郎溪县种子管理站　刘归定、鲍敏辉

（二十二）里仁香榧

种质名称：里仁香榧。
作物及类型：香榧，地方品种。
来源地：安徽省黄山市休宁县。
种植历史：1 000年以上。
主要特征特性：扦插。果仁嫩黄、壳薄、易脱衣、香味浓。自宋代开始引种，至今

种植千余年。在当地流传有这么一句话：安徽香榧看皖南，皖南香榧在休宁，休宁香榧数里仁。里仁香榧，包含优异基因，承载着千年农耕文化，亘古不变。

里仁香榧

供稿人：安徽省农业科学院　阮　旭
休宁县农业技术推广中心　黄　洁、方永新

（二十三）矮脚黄芝麻

种质名称：矮脚黄芝麻。
作物及类型：芝麻，地方品种。
来源地：安徽省合肥市肥东县。
种植历史：50年以上。
主要特征特性：直播。早熟、高产、优质，种植简单。该品种单秆型，植株较矮，株高不足1m，仅86cm左右，显著矮于生产上一般育成品种，具有较强的抗倒性，非常适合机械化收获，且结荚部位密集、蒴果数多，产量较高，是降低植株高度，培育适宜机械化种植品种的良好亲本材料。

矮脚黄芝麻

供稿人：安徽省农业科学院　赵　莉
肥东县农业农村局　黄卫华、孔凤琴

（二十四）观堂大蒜

种质名称： 观堂大蒜。
作物及类型： 蒜，地方品种。
来源地： 安徽省亳州市谯城区。
种植历史： 1700年。
主要特征特性： 平原地区露地栽培。观堂大蒜个大、皮薄、肉厚、汁浓、出油率高。一般蒜种只能"吃"一水，它却能"吃"三水。所谓"吃"三水，指的是将大蒜捣碎，凉水调成蒜汁，馒头蘸而食之。汁干再兑水调之，味道不变。第三次兑水，仍能调成一定的浓度，味道如前。观堂大蒜产自闻名遐迩的大蒜之乡——亳州市谯城区观堂镇。观堂镇有1700多年的大蒜种植历史，是中国最早引种大蒜的地区之一，早在东汉时期就以盛产优质大白蒜著称。据清代道光《亳州志》记载，《尔雅》：大蒜为胡，小蒜为蒜。有独头、碎瓣两种，观音堂集产者最佳。《尔雅》成书于战国或两汉之间，亳州观音堂就是现在观堂镇的古地名。观堂镇，可能是有确切文字记载国内最早种植大蒜的地区之一。

20世纪90年代，当地大蒜种植面积超过6万亩，是当时远近闻名的大蒜、蒜薹集散地，观堂蒜薹曾在1995年第二届中国农业博览会上获得全国唯一的铜奖。大蒜乃百菜之王，观堂大蒜，则可称蒜中之首。观堂大蒜与众不同之处在于，每一头蒜只有4~5瓣，蒜头大而饱满，皮薄肉厚，蒜瓣匀称无夹层。汁浓，比其他大蒜有更加浓烈的蒜辣气，辣而不呛、香而不腻。经检测出油率高达2.8‰~3.5‰，比普通大蒜高出近1个千分点，无论鲜食还是加工，均是大蒜中的上品。

观堂大蒜

供稿人：亳州市谯城区观堂镇农业综合服务站　贾宗友

（二十五）石霞小油菜

种质名称： 石霞小油菜。
作物及类型： 油菜，地方品种。

来源地：安徽省安庆市太湖县。

种植历史：约70年。

主要特征特性：直播或移栽。耐寒、含油量高、早熟，适应性广。2021年在安徽省安庆市资源调查中从一农户家发现该资源，籽粒呈金黄色，由于油菜是常异花作物，通常其种子颜色是由黄色、黑色、褐色混合，很难见到纯黄色；据农户介绍，该资源耐迟播，江淮之间在11月底至12月初还可播种，抗寒性强，通常年份很少出现；与一般品种比较，该资源出油率高，油品相好，经近红外仪初测，含油量达48%～50%，远高出目前市场大面积种植品种；该品种生育期短，成熟期早，安徽省地区4月底至5月初成熟，适合三熟制地区种植。可作为早熟、高油、抗逆品种选育的重要亲本材料。目前，由于当地以种植一季水稻为主，品种的早熟优势不明显，几乎无人种植，面临消失。

石霞小油菜

供稿人：安徽省农业科学院　荣松柏

太湖县农业综合行政执法大队　王浩东、周　锐

二、资源利用篇

（一）庄红贡米

2020年在颍上县首次征集。在此之前，该品种在当地常年种植面积不足百亩，2021年庄红贡米被评为全国十大优异农作物种质资源，当年种植面积扩增到2 000余亩，相比2020年，增加效益100万元以上。

供稿人：颍上县农业农村局　张福昌

（二）"六月黄"枇杷

"六月黄"枇杷，2020年调查采集于歙县。歙县"三潭枇杷"作为我国四大传统枇杷产地之一久负盛名，但也长期受到采摘期短、果品大量集中上市的困扰。"六月黄"枇杷因其具有迟熟、晚熟的特异性，能有效延长枇杷供应期，引起了业内专家、学者的注意。2021年6月，安徽省园艺学会有关专家受黄山市、歙县地方农业部门邀请对该品种进行了现场考察，专家一致认定：该品种资源来源清楚，一致性与稳定性好，品质优，晚熟特异性明显，对于延长新安江流域枇杷供应期具有重要意义，有较好的应用推广前景和作为其他晚熟枇杷品种的培育作用。2021年9月，"六月黄"枇杷被安徽省园艺学会园艺作物品种认定委员会认定为安徽省枇杷新品种，2022年8月，"六月黄"枇杷荣获安徽省科学技术厅颁发的科技成果奖。"六月黄"枇杷已通过多轮嫁接，品种性状稳定，目前正在开展小规模示范，下一步将开展杂交育种试验，以扩大特异性状的应用范围。地方政府也在积极扶持相关合作社开展规模化种植，以促进当地枇杷产业进一步发展。

供稿人：歙县农业技术推广中心　江小伟、庄世荣

（三）苏赵梨

谯城区征集的古老地方品种"苏赵梨"，50亩果园从濒危无人看管面临消失的境地，由地方政府扶持，加大种植管理水平，转为亩盈利3 000多元，带动了周边农户扩大种植。

供稿人：亳州市谯城区道祥家庭农场　焦道祥

（四）"红灯笼"辣椒

"红灯笼"辣椒采集于皖西大别山革命老区——霍山县。辣椒果实外形呈椭圆形，色泽艳红，似倒挂的红灯笼。20世纪90年代，时任安徽省委书记汪洋在联系霍山县上土市镇扶贫攻坚工作时，积极推动发展辣椒产业。全县"红灯笼"辣椒常年种植面积6 000多亩，辣椒一般亩产750kg左右，销售价格一般为5～7元/kg，年总产值2 000多万元，年加工销售产值近亿元，成为全县脱贫攻坚、帮扶贫困户脱贫增收和农民致富的特色支柱产业。

供稿人：霍山县农业农村局　李国宏、马贤炳、严　江、何新祥

（五）舒城黄姜

据1995年版的《生姜、马铃薯、芋头高效益栽培》记载，舒城黄姜为舒城农家品种，种植历史悠久，后被安庆市、蚌埠市、长丰县、霍山县、霍邱县、金寨县、岳西县、潜山市、东至县、宿松县等地引种种植。中华人民共和国成立前，舒城县总产50万kg。1949年，总产77.9万kg，1985年，总产94.4万kg，部分生姜加工成脱水姜片对外销售。2016年起，各级政府大力支持发展黄姜产业，采取"合作社+农户+经营主体"的形式，兴建黄姜产业基地，种植规模达近万亩，生姜亩产2 500kg，亩收入达2万多元，目前全县年产量达2万多吨，产值达4亿多元。近年来，在舒城县干汊河镇、安徽省农业科学院试验基地开展舒城黄姜当地品种筛选试验。选育出舒姜1号、舒姜2号、舒姜3号等多个优良舒城黄姜新品种。

供稿人：舒城县农业技术推广中心　郑智慧、赵晓东

（六）双牙子大蒜

双牙子大蒜是一种多年生宿根性草本植物，属百合科郁金香属，老鸦瓣种。在20世纪60年代，淮北地区的农田里多有生长，饥荒年代百姓的救命草。随着农业生产的发展，在蒙城县的多数乡镇已经难觅踪迹。2020年蒙城县在全县范围内开展了第三次种质

资源普查与征集工作，通过种质资源线索征集，在蒙城县立仓镇二郎村发现了双牙子的线索，最终，在芡河岸边发现了双牙子的野生资源。据介绍，双牙子营养丰富，蛋白质含量高，含有氨基酸、生物碱，以及铁、磷等多种对人体有益矿物质元素，具有均衡人体营养，协调人体机能，增强人体免疫力等保健功能。蒙城县南望槐种植专业合作社投资了400多万元，与多所高校、科研院所进行合作，对双牙子产品（商品名迎春草）进行深入开发。以双牙子为原料的食用菜类、茶饮品产品应运而生，2020年双牙子茶饮品荣获"首届长三角名茶评比大赛"三星金奖，年产值经济效益百万元。

供稿人：蒙城县农业农村局　陈凤山、李　琦

（七）铜陵白姜

铜陵白姜，具有2000多年栽培历史的"铜陵白姜"，作为著名的地方特产，以它"块大皮薄、汁多渣少、肉质脆嫩、香味浓郁"（相传清乾隆下江南，食铜陵白姜后，如此赞赏）的质地令人喜爱，以其优良的地域属性和食药两用的价值属性名播四方，有"中华第一姜"之誉。2008年铜陵白姜被列入安徽省第二批非物质文化遗产名录，2009年铜陵白姜被批准为国家地理标志保护产品，2012年获得"铜陵白姜"地理标志商标专用权。当地种植面积已达到万亩，涌现出了"仙封山姜业""和平姜业""佘家贡姜""富饶绿园姜业"等一批龙头企业，2023年铜陵白姜被安徽省农业农村厅授权资源圃保护。

供稿人：铜陵市义安区农业综合行政执法大队　吴保同、方建军

（八）金寨小黄姜

金寨小黄姜，是当地特有的老品种，据资料查证种植历史有200多年。金寨小黄姜常种植面积5 000多亩，一般亩产2 500kg左右，产值12 000元以上，亩经济效益6 000元以上。2016年获得地理标志农产品，为金寨县脱贫攻坚和乡村振兴作出了重大贡献。

供稿人：金寨县长岭乡农业农村管理服务中心　万和炎

三、人物事迹篇

（一）做好种业守"芯"人

这几年，在江淮大地上，我们经常能看见这样一支头顶草帽、衣着朴素的队伍，他们手拿记录本，扛着照相机，带着剪刀、铁铲来回穿梭于乡村田野和深山湖畔之间。他们时而与当地农户围坐交谈、时而俯身注视观察。他们像考古家一样在追溯农业历史，寻找种业发展之源——种质，这就是安徽省农业科学院第三次全国农作物种质资源调查队。其中，有这么一位队员，在他的带领下，不仅顺利地完成了国家资源收集任务，发掘了一大批优异资源，还促使全省资源保护工作迈向了新的征程，他就是安徽省农业科学院农作物种质资源保护中心副研究员，安徽省第五届省直单位道德模范、优秀共产党员荣松柏同志。

作为安徽省第三次全国农作物种质资源普查与收集行动的牵头人，荣松柏恪守入党誓词，处处发挥模范带头作用，主动担当，勤奋刻苦，以严谨求实、踏实热情的工作作风和优异的工作成绩，在推进国家、安徽省农业种质资源普查和资源保护方面作出了积极贡献，不仅赢得了主管部门高度肯定和全院干部职工好评，也得到了社会和百姓的一片赞誉。

顺势而为守种"芯"。种子被誉为农业的"芯片"，是解决我国农业"卡脖子"问题和实现农业现代化的重要物质基础。2019年3月的一天，和往常一样，荣松柏正在油菜试验地里做调查研究，突然接到时任作物所所长电话，被安排参加全国资源普查会议，就此与资源保护事业结下不解之缘。资源收集保护的重要性也许每个人都能说上几句，但长期以来，由于资源保护工作立项少，经费不足，出成果难等诸多现实问题，很少有科技人员能一直坚持下来。然而，纵有万难，在国家有需要，组织有号召面前，荣松柏作为一名一线农业科技人员，应势而为、迎难而上，主动负责起全省农作物种质资源调查收集与保护工作，甘愿担当，踏踏实实做起种业守"芯"人，用荣松柏自己的话：资源是创新的根本，基础工作得有人来做。从组建资源调查队伍，到成立安徽省农作物种质资源保护中心，荣松柏紧跟国家和安徽省种业发展战略，一步一步稳扎稳打，带领团队深入广袤的农村大地，坚守初心，追寻理想。短短4年时间，荣松柏的足迹遍布全省乡村角落，行程已超20万km。为了能多收集资源，收集好资源，荣松柏和他的队员们往往是哪里远去哪里，哪里偏去哪里，甚至是一些人迹罕至的地方也留下了他们的足迹。

2020年8月，时值盛夏，荣松柏带领团队从岳西县城出发，驱车1个多小时，徒步山路2个多小时，前往店前镇银河村光岩组采集种植历史近百年的珍贵"小红稻"资源；2021年9月，因普查县有寄送资源不符合要求，荣松柏根据定位信息独自前往皖南，翻山越岭采集梨树枝条，第一时间将合格的资源移交国家资源圃；在荣松柏心里始终坚信着一定还有好资源在等待他的到来。

不忘进取争创优。农作物种质资源丰富多样，种类繁多。虽然是科班出身，在农业领域打交道也近20年，但荣松柏深知自己的知识远远不够，为了提高自身专业水平，尤其是在作物识别、作物分类、资源鉴定评价和保护技术方面，荣松柏从国家普查办找来100多本专业书籍，突击充电学习，参加各种相关业务技能培训，书本上没有的或不明白的，就带着问题到国家资源库实地参观，向同行专家请教。凭借所掌握的知识，准确地对全省5 000多份资源进行了分类整理，几乎无差错移交，极大减少了国家库入库工作量。在资源调查收集过程中，荣松柏创新思路，将习惯依靠地方政府部门和农技人员摸排的方式，改为调查队主动进村入户，与年纪较大的农民进行沟通交流，讲解资源保护的意义和作用，询问种植情况，从中寻找相关信息，取得了明显效果。在优异资源挖掘方面，荣松柏对采集的资源信息都要逐份审查，遇到一些地方特色资源，就通过文献、地方志等佐证资料反复推敲、分析资源的种植历史、用途，到地方实地调研生产利用情况；一些具有特异性状的资源，就通过试验进行鉴定验证；如"杨三寨神韭菜"，3次不同时期到发现地进行调查取样。先后向国家推荐30余份材料参加优异资源评选，其中，有3份获评优异资源，为我国种业发展再添一功。

青春无悔做表率。奋斗的青春才是多彩的青春，荣松柏甘愿用青春诠释对"三农"事业的追求。为做好资源保护，当好守"芯"人，4年来，带领团队走遍22个系统调查县，收集资源2 500余份；在不同生态区鉴定资源5 500多份，种类达60余种；向国家库移交各类农作物资源300多次，5 400余份，超额完成了指标任务165.1%，位于全国前列。荣松柏参与全省资源保护技术培训会50余场，培训人员超2 000人次。由于资源收集和鉴定工作的性质特殊，荣松柏常常需要外出，四季无休，每年出差大数超过150天，很少有时间照顾家庭，关心孩子学习；在资源调查过程中有时还被当成骗子，被拒之千里之外或被跟踪监视，但为了保护好祖辈留下的宝贵财富，其中的辛酸和委屈只能深深埋藏于心底。荣松柏把生命中最黄金的4年奉献给了他喜爱的事业，日复一日地努力拼搏着，相关工作被安徽省电视台、《安徽日报》、地方政府网站等主流媒体多次报道宣传，并制作成专题片在安徽省新闻联播微博和"学习强国"平台播放，营造出全民参与的良好社会氛围。由于工作出色，加上政策支持，2022年经安徽省人民政府同意建设安徽省农业种质资源中心库，迎来了全省种质资源保护利用工作的又一个新起点。

一粒种子，改变一个世界；一分耕耘，助力一方发展。未来，荣松柏将更加坚定不移，不忘初心，继续努力做好种业守"芯"人，以兢兢业业的耕耘彰显共产党人的责任担当，以实实在在的业绩助力打好种业翻身仗！

2021年7月,安徽省萧县,资源系统调查,荣松柏(右二)正在向当地种植户询问资源相关信息

2021年9月,荣松柏在安徽省歙县进行梨树资源采集

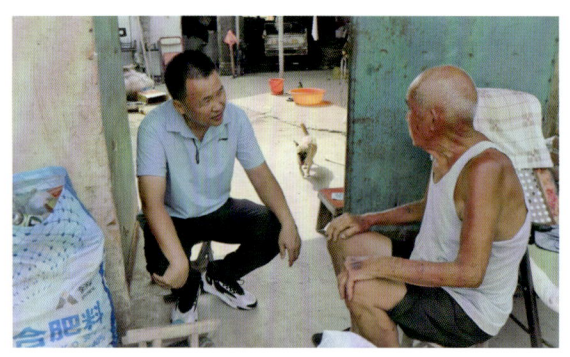
2022年9月,安徽省宿州市埇桥区,荣松柏在与一位90多岁老人交流,询问地方老品种、特异资源种植情况

2021年8月,荣松柏在试验地进行安徽省豇豆地方种质资源特征特性调查和鉴定评价

供稿人:安徽省农业科学院　刘　泽、荣松柏

(二)焦道祥两代人守护的四代梨园

"这是老祖宗留下来的,在我们这一代更应该保护好,传承下去。这些资源不应该到我们这一代丢失掉",这是焦道祥经常挂在嘴边的一句话,也是他经常嘱咐儿子的一句话。

1. 梨园里的传说

在亳州市谯城区龙扬镇的苏赵村,有一片700多亩、300多年历史的梨园。七八月的梨园里,梨树郁郁葱葱,硕果累累。树荫下,焦道祥和几位村民一起,正在听一位老人讲述苏赵梨的美丽传说。"原先苏赵村没有梨树,在明朝末年,要饭要到黄河故道,吃点果子,感到好吃,就拔两棵来到家,逐渐发展起来了"。这个故事也是赵洪艳老人听上辈人讲的。据说在明朝末年，苏赵村的祖辈人为了躲避战祸，前往西北地区谋生，在逃亡途中偶遇一片梨园解了他们饥饿之苦，又因梨子清脆可口、味正多汁的特点，在战事过后被带回了老家。从那时候起，苏赵村的祖辈人便开始种植梨树，至今已有300多年。

"乾隆南下路过苏赵村，品尝过苏赵梨。乾隆到南京以后，向底下人要苏赵梨吃。苏赵村就派专人给乾隆送梨，所以称为贡品"。这是苏登平老人讲述的一段关于苏赵梨作为贡品的传说。该故事确有出处，只是时间上有所出入。据《亳州四名》记载：苏赵梨曾在清朝道光年间，被亳州知州上献宫廷，从此名满天下。

2. 苏赵梨园的繁华与没落

这些故事，焦道祥从小就听过，已经50多岁的他，也见证了苏赵梨园的繁华与没落。

据《亳州市志》记载，20世纪50年代，苏赵村建立了国营农场，配备专人管理维护，风光一时。20世纪70年代后期，国营农场解散，梨树重新分配到户，由于梨树是苏赵村人的重要经济来源，被村民精心养护。据《亳州四名》记载，苏赵梨曾在1957年的华东五省（市）水果竞赛中获得金质奖；到了1996年，在安徽省农业厅优质水果评比中还获得质量奖；并在第八届中国新技术、新产品博览会上荣获金牌。

然而20多年前，随着大量村民外出务工，无人管理的苏赵梨园开始走向没落。更有甚者，将这些百年梨树的主要枝干锯掉，留出空地种庄稼。在如今的苏赵梨园里，焦道祥还保留着一棵300多年树龄，编号为00037的梨树作为警示。由于过度修剪，整棵树只剩树梢上的一些枝干，在梨树挂果时节，这棵梨树上却一个果子也没有。焦道祥说："如此场景，当时比比皆是，看着都心疼。"

3. 以梨园为家的人

焦道祥是苏赵村所属行政村党总支书记，看到300多年历史的苏赵梨园荒废，心疼不已。2015年，焦道祥做出一个极具风险的决定，将所有梨树承包过来，并聘请专业技术人员指导苏赵梨园的恢复工作。

然而，万事开头难。承包梨园，一亩梨树一年租金900元，整个果园承包下来，就需要30万元，这对一个普通的村干部来说，无疑是一个天文数字。为了解决资金难题，焦道祥四处筹措，最终凑齐了租金。资金解决了，梨园承包了过来，可第一年焦道祥就栽了跟头。由于梨树挂果少，亏损10万元。这时有人劝他放弃，有人冷嘲热讽，无人理解的焦道祥只能默默流泪，咬牙坚持。只为心中的一个信念："一定要把祖宗留下的遗产资源保护好。"跌倒过后，焦道祥很快又站了起来，重新投入苏赵梨园的恢复工作当中。这一次焦道祥成了村民口中的"疯子"，他夜以继日，风雨兼程，吃住都在梨园。从给果园除草施肥开始，焦道祥学着去给老梨树嫁接，给新栽梨树打药；去疏浚园区排水系统；建设园内道路和肥料、农药等仓储设施。焦道祥从一个外行人，硬生生练成了梨园管理的行家。

"功夫不负有心人"，经过3年多的不断投入和努力，焦道祥通过嫁接、补栽、水肥管理等措施，整个苏赵梨园开始慢慢恢复起来。

4. "四世同堂"的苏赵梨园

时至今日,经过焦道祥7年、2 000多个日夜的不懈努力,苏赵梨园发展到700多亩,梨园结构呈"四世同堂"。300年以上的梨树有200多棵,100年以上300年以下老梨树1 450棵;50年到100年的梨树500棵;50年以下新栽梨树2 100余棵,如今也已经蔚然成林。

2018年,酥梨产量恢复到60万斤;2022年,酥梨产量更上一层楼,达到100万斤;畅销北京、上海等大城市,年利润100余万元。2019年2月18日,苏赵梨还获得了中国绿色食品发展中心颁发的绿色食品证书;2021年,苏赵梨种质资源圃更是入选安徽省农作物种质资源保护单位。

正所谓星光不负赶路人。正是在焦道祥的努力下,苏赵梨园从没落中恢复了往日的繁华。不仅果园重新有了效益,还带动40多位村民就业。看着村民脸上幸福的笑容,焦道祥也倍感欣慰。"就按照这个树枝的大小去留果子,留果形比较好的"。7—8月,骄阳似火,而焦道祥却不顾炎热,手把手地教儿子焦振南疏果技术。受焦道祥的影响,大学毕业的焦振南也决定留在父亲身边,和父亲一起守护这片祖辈留下的宝贵资源。

供稿人:亳州市谯城区观堂镇农业综合服务站　贾宗友

四、经验总结篇

（一）安徽省在普查行动中总结的成功经验

第三次全国农作物种质资源普查与收集行动，规模庞大，时间紧、任务重。为保障普查各项工作的顺利进行，安徽省农业农村厅联合安徽省农业科学院做了精心组织实施，利用普查行动契机，成立了安徽省农作物种质资源保护中心，培养了一支种质资源研究队伍，通过加强组织领导，确立了资源保护工作地位，通过重视技术培训，提升了资源保护业务水平；通过扩大社会宣传，提高了全省上下公众资源保护意识，为安徽省后期资源保护事业打下了坚实基础，此外，结合工作实际，安徽省还采取了具有特色且成效显著的一些工作做法。

1. 充分调动广大基层积极性

充分利用各种技术培训会、信息调度会、巡回技术服务，积极向广大基层宣讲第三次全国农作物种质资源普查的重大意义，激发参与普查队员的使命感、责任感、自豪感，鼓励他们将对家乡的热爱与对事业的追求紧密结合起来，鼓舞工作热情、旺盛队伍士气，收到了良好效果。从中涌现出一批积极投身普查工作，在资源征集与优异资源发掘中做出显著成绩的先进人物，为安徽省按时完成普查任务作出了突出贡献。

2. 加强信息调度与工作督导

及时调度各普查县工作进展，摸清基层工作开展实际情况，有针对性地采取多种措施。为推进各地种质资源普查与收集行动执行进度，安徽省农业农村厅与安徽省农科院联合成立技术服务团，连续两年赴全省78个普查县开展全覆盖技术指导服务。技术服务团采用座谈、实地查看、现场指导等方式，深入了解各地种质资源普查工作进展情况，开展技术指导服务，督促进度慢的县（区）加快工作进度，协调解决存在的问题与困难。每次技术指导结束后及时就全省工作进展及存在问题向全省通报发布，有力地推动了全省普查工作。

3. 做好部门之间协调与配合

种质资源普查是一项庞大而复杂的系统工程，时间跨度大、参与单位人员多，普查环节精细且程序复杂，需要上下级、不同部门之间协调与配合。努力做好与国家普查办、省牵头单位、各有关市、县农业农村局之间沟通与联络，密切协同与配合。扎实的基础工作、密切的协作交流、良好的工作关系给普查工作开展带来了极大便利，显著地提高了工作效率。

4. 搭建工作互动平台

利用网络优势，第一时间建立微信、QQ工作群，为普查和调查技术人员、技术专家之间搭建信息沟通平台，及时掌握全省普查进展信息；召开工作经验交流会，树典型，促学习。根据各县普查工作推进及开展成效，总结梳理出先进县，县与县之间交流经验做法，组织参观学习。如2019年五河县、岳西县作为工作先进典型县，泗县、灵璧县、固镇县、怀远县、明光市、埇桥区和砀山县分别组织普查人员到五河县进行了实地考察学习，霍山县、金寨县、霍邱县、舒城县、黟县等分别组织普查队到岳西县进行了实地考察。普查县之间的相互参观学习，交流传授经验，取长补短，对普查工作的推动和深入开展起到了重要作用。

5. 广泛利用媒体宣传报道

为确保普查与收集行动达到实效，切实推动农作物种质资源保护与利用可持续发展，安徽省注重开展媒体宣传报道工作，以引起社会广泛关注。通过安徽卫视、农业科教、《安徽日报》、农科院网站、省农业农村厅网站、各地市县电视台和政府网站宣传报道全省资源普查工作进展，对普查队、调查队如何开展工作，取得成效进行实地跟踪采访宣传。如以"冬日里的守'芯'人""强化源头创新打好种业'翻身仗'""种质资源保护成效明显""安徽两种农作物优异种质资源入选全国'十强'"等为题的新闻报道真实反映了普查工作中的点点滴滴，社会公众资源保护意识不断得到增强，普查队员工作积极性得到极大调动。

在"行动"实施过程中，发现了霍山县的野生韭菜保护人茆家成，庄红贡米守护者王守国及芮枣守护者方荣和等民间种资源保护典型。涌现出荣松柏、肖志红、李国宏、莫从古、郑智慧、江小伟、丁树忠、邓家俊、李立志、李永、吴保同等一批爱岗敬业、无私奉献、不怕劳累、不畏艰苦的资源普查收集保护利用先进人物，正是这些先进的人物典型，激励了全体普查人员，克服重重困难，不仅圆满完成了"行动"的各项目标任务，也为安徽省资源保护工作打下了坚实的基础。

供稿人：安徽省农业农村厅种业处　安徽省农业科学院科研处

（二）多措并举，探索县域农作物种质资源转化利用新途径

1. 岳西县种质资源概况

岳西县地处大别山革命老区，群山环抱，交通闭塞，历史上曾经是安徽省重度贫困县。独特的气候和土壤条件，造就了岳西县良好的生态环境，诸多濒危的物种在这里得

到了延续，岳西县因而被科研专家誉为"物种基因库"。据不完全统计，岳西县境内的高等维管植物约有199科919属2 356种（含变种及亚种），其中，半数以上具有一定的经济利用价值，汇聚了土辣椒、茄子、薏苡、红苋菜、洋胖子豇豆、金丝搅瓜、红（黑）壳糯水稻、红米豆、绿豆、野生绿豆、红叶高秆白菜等品质优良的珍稀农作物品种，千百年来，灿烂的农耕文化在岳西县得到了良好的传承与发展。

2. 多措并举，科学促进资源转化助力乡村振兴

2019年，岳西县被列为第三次全国农作物种质资源普查县，普查工作小组深入冶溪镇、店前镇、菖蒲镇、五河镇、中关镇、田头乡等地，全面普查地方农作物的种质资源分布，对珍稀、濒危农作物野生种质资源和特色地方品种及时进行抢救性收集和保护工作。收集了粮食作物（19个）、蔬菜（21个）、果树及经济作物（8个）、野生近缘种（9个）等共57个种质资源信息。现已收集种质资源42份并上交安徽省农业科学院。2020年，安徽省农业科学院专家对岳西县的农作物种质资源做了系统性调查，深入店前镇、黄尾镇、姚河乡等地，共收集珍稀种质资源155份，上交国家资源库达100余种。为保护性开发地方种质资源，科学促进资源转化，助力乡村振兴，岳西县因地制宜主要采取了以下几种做法。

（1）设立老品种繁育基地，促进资源开发利用：为充分利用好地方的优异种质资源，自2014年以来，岳西县农业农村局秉持保护与利用并重的原则，设立地方老品种繁育基地，抢救保护与利用地方老品种。在温泉镇榆树村设立了老品种繁育基地，通过选择性状优良、商业价值高的老品种示范与推广，经济效益初显，得到省市各级专家领导的充分肯定。种类主要有辣椒、茄子、薏苡、水稻、绿豆、豇豆、黄瓜、生姜等地方特色农家品种。每年通过召开展示示范现场观摩会，让广大群众对家乡的农作物品种有全面了解。

（2）通过对地方资源评价筛选，利用农家品种资源培育新品种：老品种的岳西土辣椒，农户自然留种，其味纯正浓烈，很受市场青睐。2014年，对岳西地方品种深入研究的安徽省梦之村生态农业科技有限公司，对岳西土辣椒进行了保留、试验、提纯复壮，培育出"岳椒一号"新品种。这一新品种的岳西辣椒不仅保持原有风味，还继承了对自然环境适应性强的特点，其品相、植株、产量均得到显著提高，单株挂果超过100个。目前岳西县有自家菜园的农户都在种植。按安徽省梦之村生态农业科技公司专业数据统计，这种辣椒每亩产量高达1 400kg，产值近15 000元。该公司现阶段已带动有50多户家庭富余劳动力和留守妇女就业，人均每年增加收入8 000～17 000元。

自2019年以来，岳西县农业农村局对收集到的优质农作物种质资源进行种植、提纯，初步筛选出产量高、抗性强的颗半升大豆、晶紫长茄、青花青茄、九月红豇豆、洋胖子豇豆等农作物地方品种，目前已与安徽省农业科学院合作，计划进一步提纯复壮，待性状稳定后，进行品种登记。

（3）发挥传统农家品种优势，促进地方资源直接开发利用：薏仁米，岳西方言称"六谷米"，又名薏米、薏仁，这是一种古老的粮药兼用农作物，系传统的农作物品种薏苡的果仁。薏仁米的蛋白质含量高，亩产一般在150～200kg，产值3 000～4 000元，

是种植水稻的3~4倍。在自然条件符合的农村，发展种植薏苡是农民增收致富的好渠道。2015年，岳西县田头乡成立的岳西县川心河薏仁米专业合作社，种植薏苡300亩，当年实现经济收入50余万元。由于效益逐年向好，2021年，岳西县川心河薏仁米专业合作社的薏苡种植面积达1 100亩，流转的种植基地几乎涉及田头乡全境。诸多农户也参与发展的热潮，他们的产品被合作社以20元/kg的价格收购回来统一销售。当年，就带动了近300户农民增收，户均增收逾14 000元。

红壳糯水稻是一种珍贵的、传统而又稀有的农作物。红壳糯米营养丰富，里外都呈暗红色，顺纹有深红色的米线，煮熟时异香、味美、色如胭脂。虽然它的亩产量不足250kg，还不到优质水稻的1/3，但是通过红壳糯米酿造的酒却是非常好喝，以前岳西县乡下专门用来妇女坐月子时喝，温补益气、健脾养胃。田头乡宁河村吴均论是岳西县级非遗酿酒传承人，2015年他创建了"吴味酒坊"酒厂，从村民中流转土地，规模种植红壳糯水稻，酿造红壳糯米酒。经过数年发展，吴均论的红壳糯米酒一步步打响了"吴味酒坊"的金字招牌。2020年，顺利通过政府质量监督管理部门的认定。2021年，一位陕西客商在外出差品尝到"吴味酒坊"的红壳糯米酒后，专程到他家酒厂实地考察，下了一笔20万元的大单，一次性订购了1 000kg米酒。现在，吴均论在田头乡泥潭村、宁河村流转了50亩农田栽插红壳糯水稻，并鼓励乡亲们自己种，他以16元/kg的价格来回收红壳糯米，带领乡亲们共同踏上致富之路。

对老品种的农作物有着深厚情结的农民徐传仁，他家位于海拔700多米的岳西县店前镇银河村光岩组，是被省里专家称为"一个种质资源的天然宝库"的地方。那里交通不便，驱车后到他家大概还要走1小时的路程。2020年，种质资源普查与调查组的专家去当地考察调研时，曾经在他家一次征集到农作物老品种达18种之多，其中的红苋菜，是徐传仁40年来一年又一年地留种后复耕种植的一个老品种蔬菜。据他介绍，老品种的红苋菜不仅能补血，而且口感好，人们都喜欢吃。徐传仁还种植有30亩左右的荞麦、红壳糯水稻和黑壳糯水稻，他每年利用这些具有地方特色的粮食类农作物，分别酿制成酒，然后放入地窖保存3~5年出售。徐传仁仅酿酒卖酒这一项，每年就给他家带来约20万元的纯收入。

（4）打造地方特色品种蔬菜种植基地，促进产业开发提高资源利用综合效益：在岳西县农业农村局的帮扶指导下，岳西县蔚然生态农业有限公司流转贫困户50亩土地，精心打造金杨村地方特色品种蔬菜园。蔬菜园里种植的都是岳西地方老品种蔬菜。蔬菜园负责人汪兴文介绍说："种植老品种蔬菜，坚持不使用化肥，使用农家肥和有机肥；坚持人工除草、绝不使用农药，种出来的蔬菜安全放心、口味纯正，深受广大消费者欢迎，远销湖北省、合肥市、安庆市等地。"老品种蔬菜园还吸引了周边游客前来蔬菜园采摘，每千克鲜菜高出市场价4~6元，经济效益明显。

沈桂华家是金杨村代湾组建档立卡贫困户，2014年因病致贫，2016年顺利脱贫。脱贫不脱政策，村里安排她在蔬菜园务工，每年能够增加几千元收入。"蔬菜园就在家门口，我可以一边干活，一边照顾家庭，每年能有7 000多元的收入。"

在岳西县农业农村局的大力帮扶下，金杨村建立的特色地方品种蔬菜园，已带动全村20户脱贫户就业，增加务工收入10多万元。

当前,岳西县正以种业振兴行动创新链建设为抓手,抢救性收集种质资源的同时,充分利用好种质资源;通过有效进行保护性开发,科学促进种质资源转化,推动地方产业高质量发展,为乡村振兴提供助力。

供稿人:岳西县农业农村局　肖志红、刘同发、徐华贵、王　甜、吴新国

西藏卷

一、优异资源篇

（一）优质黄肉光核桃

种质名称：优质黄肉光核桃。
作物及类型：桃，野生资源。
来源地：西藏自治区林芝市巴宜区。
种植历史：野生驯化。
主要特征特性：播种。小时候爷爷告诉他从山上看到的好吃的野桃，把种子收回来种在家里的院子里的。属蔷薇科李属落叶乔木，是农民驯化的野生资源，树龄百年以上，无花粉，优质，晚熟，果大，单果50g以上，果肉黄色。该资源属于农民驯化中的野生资源，可利用该资源培育适应西藏自治区的鲜食桃品种。

优质黄肉光核桃

供稿人：西藏自治区农牧科学院蔬菜研究所　曾秀丽、格桑平措、赵　凡

（二）白墩苜蓿

种质名称：白墩苜蓿。
作物及类型：苜蓿，地方品种。
来源地：西藏自治区日喀则市康马县。
种植历史：10年。
主要特征特性：逸生。牛羊喜欢吃、产草量高。在海拔4 461m的地方生长，株高70~120cm，植株茂盛，叶片较大，叶量多；当年播种7月初开花，当年种子可正常成熟，籽粒较为饱满，千粒重2.5g。群体中有大叶、狭叶、直立、匍匐等多种类型。该种质为西藏自治区高海拔区域4 300m以上多年生豆科牧草提供了难得的核心种源。通常西藏自治区海拔4 200m种植的紫花苜蓿株高仅20cm左右，现有紫花苜蓿育成品种均不能正常成熟。

白墩苜蓿

供稿人：西藏自治区农牧科学院　金　涛
西藏自治区农牧科学院草业科学研究所　曲广鹏

(三)墨竹工卡小油菜

种质名称：墨竹工卡小油菜。
作物及类型：油菜，地方品种。
来源地：西藏自治区拉萨市墨竹工卡县。
种植历史：40年以上。
主要特征特性：撒播。白菜型油菜，抗寒、耐霜冻，拉萨河流域常用来复种，80d就能成熟。传统种植方式下产量在45～75kg/亩，复种产量25～35kg/亩。油品质好，榨油香，当地已在扩大种植规模，产业化开发。可作为早熟耐寒的优异育种材料。农业农村部专门发文已将该资源作为育种材料培育南方冬油菜新品种。

墨竹工卡小油菜

供稿人：西藏自治区农牧科学院农业研究所　罗黎鸣
　　　　西藏自治区农牧科学院　　　　　　金　涛

(四)吉隆黄油菜

种质名称：吉隆黄油菜。
作物及类型：油菜，地方品种。
来源地：西藏自治区日喀则市吉隆县。
种植历史：50年以上。
主要特征特性：撒播。比当地种植的籽粒颜色为棕红色的普通油菜整体上产量高些，榨的油要多一点，油的颜色也比较清亮。地方品种，窄域分布的特有资源，现有种植区域的海拔为3 800～4 100m。目前该资源仅在吉隆县贡当乡各村及宗嘎镇夏村有种植，与当地普通油菜偶尔有混杂种植，总面积约为150亩，单产最高可达200kg/亩。植株高30～70cm，角果长3～4cm（直径可为当地普通油菜的1.5～2.0倍），籽粒呈橙黄色。主要用作食用榨油，油质清亮。吉隆贡当黄油种植农民专业合作社送检样品符合《食品安全国家标准　食品添加剂使用标准》（GB 2760—2024）等相关标准，且部分有效成分优于当地普通油菜。该资源在贡当乡各村及宗嘎镇夏村等地均有多年的种植历史（从尼泊尔等地传入），且持续保持种质的全部性状。有尝试引种至外地（如拉萨市曲水县），则籽粒的"橙黄色"性状表现为逐年减退。受其种植地域窄及总体产量的限制，吉隆黄油菜尚未得到推广并形成一定的规模。

吉隆黄油菜

供稿人：西藏自治区高原生物研究所　文雪梅、李照青

（五）易贡辣椒

种质名称： 易贡辣椒。
作物及类型： 辣椒，地方品种。
来源地： 西藏自治区林芝市波密县。
种植历史： 50~60年。
主要特征特性： 育苗、起垄覆膜。通常在1月下旬育苗，2—3月移栽。味道又辣又香，经常拿来做辣椒酱，家里人都很喜欢。易贡辣椒获地理标志农产品认证登记。果形呈指形、牛角形、羊角形等形状，富含辣椒素类物质、蛋白质、叶黄素、花青素、维生素B、维生素C等营养物质。商品椒果皮薄、味辣且香，果皮在商品成熟时表面分布紫色条纹或条斑。椒果完全成熟后呈鲜红色，辣味呈香辣型。该辣椒在易贡乡及周边地区广受欢迎，青果可凉拌、爆炒、鲜食，红果主要用于辣椒酱及辣椒面加工，其食用及加工方法多种多样。

易贡辣椒

供稿人：西藏自治区农牧科学院蔬菜研究所 胡金鑫、王世彬、
永 毛、蒋兵涛、赵艳宁、王陆州

（六）高原荨麻

种质名称：高原荨麻。

作物及类型：荨麻，野生资源。

来源地：西藏自治区那曲市聂荣县。

主要特征特性：野生。当地老百姓叫作"萨布或萨"，嫩叶时人可以食用。当地老百姓夏天收获晒干后储藏，冬春季母畜产子时可当作补饲用。高原荨麻，多年生草本，丛生，具木质化的粗地下茎。茎高10～50cm，下部圆柱状，上部稍四棱形，节间较密，干时麦秆色并常带紫色，具稍密的刺毛和稀疏的微柔毛，在下部分枝或不分枝。叶干时蓝绿色，叶脉在上面凹陷，在下面明显隆起；叶柄通常很短，长2～5mm，有刺毛和微柔毛；花雌雄同株（雄花序生下部叶腋）或异株；花序短穗状，稀近簇生状，长1～2.5cm。营养生长期其粗蛋白质含量可达34.97%，富含钙和铁，峰值分别可达48.41g/kg和1.73g/kg。牧区有将干草粉碎后饲喂家畜的习惯，传统上充分利用其功能性特点，是藏族群众饮食必不可缺的原料；利用其粗纤维含量和色素含量优势，藏族群众传统上将其用作纺织服和纺织染料；每年藏历3月底到5月初，虔诚、素朴的藏族群众都会上山采摘这种带软毛的荨麻,这时的荨麻往往是最新鲜的;采摘洗净之后,捣碎熬成荨麻粥食用,可清除体内毒素和病菌。

高原荨麻

供稿人:西藏自治区农牧科学院草业科学研究所 多吉顿珠、桑旦、旦增塔庆、益西央宗、普布卓玛

(七)隆子黑青稞

种质名称:隆子黑青稞。
作物及类型:大麦,地方品种。
来源地:西藏自治区山南市隆子县。
种植历史:200年以上。

隆子黑青稞

主要特征特性：撒播、机播。做糌粑、产草量高。黑青稞是隆子县的地方特色青稞品种，在海拔3 927m左右生长，通常呈紫色或黑色，色泽均匀鲜亮，株高100～130cm，亩产150～200kg，籽粒饱满，适应性强、产量高，常种植于盐碱土地，常被称为"高原上的黑珍珠"，是国家地理标志保护产品。该品种青稞富含多种矿物元素、花青素、膳食纤维及各类氨基酸，具有促进人体消化系统功能、抗氧化、延缓衰老、控制血糖等功效。

供稿人：西藏自治区农牧科学院　德吉曲珍、吴沁安
西藏自治区农牧科学院农业研究所　尼玛央宗
西藏自治区农牧科学院草业科学研究所　普布卓玛
华中农业大学　刘秀群

（八）索多西辣椒

种质名称：索多西辣椒。
作物及类型：辣椒，地方品种。
来源地：西藏自治区昌都市芒康县。
种植历史：600年。
主要特征特性：育苗，起垄覆膜。可炒或用作佐料。多数辣椒果实被合作社收购制作成火锅底料或剁椒酱等产品。索多西辣椒株高100～120cm，果纵径8.1～8.5cm，果横径1.5～2.3cm，果肉厚0.1～0.4cm，鲜椒形状以羊角形、圆锥形居多；未成熟时呈绿色，成熟后呈鲜红色，品质优。索多西辣椒酱呈鲜红均匀半固态糊状，气味鲜辣但不刺鼻，口感辣而不燥。在当地大约有289户种植该品种，鲜辣平均单产1 500kg/亩。新鲜辣椒在当地售卖60元/kg，干辣椒售卖100元/kg，辣椒酱年产值700余万元。

索多西辣椒

供稿人：西藏自治区农牧科学院蔬菜研究所　格桑平措、德吉拉姆、红　英

（九）八宿黑苦荞

种质名称： 八宿黑苦荞。
作物及类型： 荞麦，地方品种。
来源地： 西藏自治区昌都市八宿县。
种植历史： 500年。
主要特征特性： 撒播。可做食用、酿酒或饲料。八宿黑苦荞是八宿县地方品种，地理标志农产品。具有抗干寒、耐病性好的特征，富含蛋白质和多种维生素，是一种能预防高血压、降血糖、降血脂和胆固醇的无公害健康食品。荞麦还可以做荞麦馒头、荞麦饼子、荞麦面条、荞麦糌粑、荞麦茶、荞麦酒等。

八宿黑苦荞

供稿人：西藏自治区农牧科学院蔬菜研究所　李嫒蓉、贡觉巴桑、赵　凡

（十）洛扎黑豌豆

种质名称： 洛扎黑豌豆。
作物及类型： 豌豆，地方品种。
来源地： 西藏自治区山南市洛扎县。
种植历史： 祖辈流传。
主要特征特性： 撒播、混播。做凉粉好吃。该品种豌豆发现于山南市洛扎县色乡曲吉麦村，通常种植于海拔3 900m以上的高山土，种子类似玩具枪子弹大小，呈黑色或褐色，在西藏自治区产量可观，当地种植范围较广，耐旱，对土质要求不高，抗性好，不易生病，不易长虫。该品种种植方式简单，种植期间浇一两次水即可，成熟的豌豆籽粒饱满，色泽均匀，口感好，营养价值高，可用来制作糌粑，少量饲喂牲口，因其淀粉、油脂含量高，常常被用来制作豌豆粉，使用该品种豌豆制作的粉丝色泽纯净光亮，久煮不碎，口感筋道嫩滑。

洛扎黑豌豆

供稿人：西藏大学　周永洪

（十一）察隅红皮花生

种质名称：察隅红皮花生。
作物及类型：花生，地方品种。
来源地：西藏自治区林芝市察隅县。
种植历史：60多年。
主要特征特性：吃起来有点儿甜。该品种花生种植于西藏自治区林芝市察隅县，籽粒虽小但饱满，花生颗粒直径4~6mm，长6~10mm，花生中油脂含量丰富，因此花生米常用来榨油，花生吃起来口感微甜，越嚼越香，有种意犹未尽的感觉，该品种花生中含有大量的锌、铁等矿物质元素，据说吃了有治拉肚子的作用，具备舒心养胃，益气补血，增强身体的免疫力，提高智力等功效。

察隅红皮花生

供稿人：西藏大学　周永洪

（十二）墨脱红米

种质名称：墨脱红米。
作物及类型：水稻，地方品种。
来源地：西藏自治区林芝市墨脱县。
种植历史：千年以上。
主要特征特性：该品种红米属于旱稻，种植方式简单，无须施肥浇水，籽粒较小，长4~5mm，株高140~175cm，施肥后可能降低红米的抗倒伏能力，致使产量降低，适应干旱环境，亩产200~300kg，产量相对较高，营养价值丰富，含有大量铁、铜等矿物质元素，对于预防疾病和治疗贫血症具有重要作用。

墨脱红米

供稿人：墨脱县农业农村局　袁瑜贵
西藏自治区农牧科学院农业研究所　常子惠

（十三）比如珠芽蓼

种质名称：比如珠芽蓼。
作物及类型：蓼，野生资源。
来源地：西藏自治区那曲市比如县。
主要特征特性：种子繁殖。有较高药用价值。珠芽蓼，当地俗称然巴，主要分布在河滩、草地，与杂草混生。其根茎可以入药，具有清热解毒的功效，当地用它来治疗牛腹泻。珠芽籽粒褐色，极易脱粒，味涩，具有治疗高血压的功能。当地人主要把珠芽采集后，用小型石磨磨成粉，粉末呈粉红色，既可以直接就水食用，也可以和糌粑一起食用，目前本地已加工成茶、功能性保健食品等，销售价格较高，销路较好，有较大的产业化发展潜力，对该资源进行深入鉴定与评价利用将对当地群众增收起到积极的促进作用。

比如珠芽蓼

供稿人：西藏自治区农牧科学院农业研究所　高小丽、黄海皎

（十四）丁青小蓝青稞

种质名称：丁青小蓝青稞。
作物及类型：大麦，地方品种。
来源地：西藏自治区昌都市丁青县。
种植历史：100年以上。
主要特征特性：撒播、机械播种。丁青县小蓝青稞，具有悠久的种植历史，适应性强，是播种面积最大的当地品种。独产于藏东丁青的小蓝青稞生长在海拔3 800m以上无污染的高山田地，具有较强的抗寒性和适应性，因其内含丰富的花青素成分，随土壤中酸碱度的变化而分别呈现微蓝色或微紫色而得名。丁青小蓝青稞外观颜色以蓝色或蓝黑色为主。丁青小蓝青稞富含多种营养及功效成分，包括β-葡聚糖、膳食纤维、蛋白质、淀粉、维生素、酚类物质、黄酮类物质、原花青素等，当地已形成了规模化生产线，成为当地地理标志产品，已有系列的产品。

丁青小蓝青稞

供稿人：西藏自治区农牧科学院农业研究所　达瓦顿珠、伦珠朗杰

（十五）尼玛固沙草

种质名称：尼玛固沙草。

作物及类型：固沙草，野生资源。

来源地：西藏自治区那曲市尼玛县。

主要特征特性：野生。长在沙地上。禾本科固沙草属多年生草本植物。具长根茎，茎上密被有光泽的鳞片，鳞片老后易脱落，秆直立，细硬，平滑无毛或偶有极稀疏的长柔毛，叶鞘被长柔毛，近鞘口处毛通常较密；叶舌膜质，钝圆，先端常呈撕裂状，叶片扁平或内卷呈刺毛状，圆锥花序，小穗含小花，颖宽披针形，质薄，常背部带紫色而边缘膜质透明，外稃生长柔毛，无芒，内稃与外稃等长或稍长，颖果狭长圆形，具棱。8月开花。固沙草从萌发开始到抽穗前质地较柔软，为各种家畜喜食，尤以绵羊喜食，固沙草分蘖力较强，能形成大量根茎，特有特点是抗旱固沙，在西藏自治区西北分布较广，特别是在那曲市北市部和阿里地区北部，是优良的植被修复原种。

尼玛固沙草

供稿人：西藏自治区农牧科学院草业科学研究所　多吉顿珠、普布卓玛、旦增塔庆、益西央宗

（十六）南木林藏沙蒿

种质名称：南木林藏沙蒿。
作物及类型：藏沙蒿，野生资源。
来源地：西藏自治区日喀则市南木林县。
主要特征特性：育苗，起垄覆膜。冬季藏羊抓膘的饲草。藏沙蒿营养品质较高，粗蛋白、粗脂肪含量高于草地中其他草本植物；可制作成藏药用于消炎、止内脏出血等；由于花粉具有致敏性，开花期家畜不喜食；抗逆性强，具有很好的防风固沙作用。在海拔3 600～5 300m的高寒草原类、高寒荒漠草原类、高寒荒漠类草地中均有分布，具有潜在的生态和经济利用价值，有望成为西藏自治区高寒草地生态修复的补播草种。

南木林藏沙蒿

供稿人：西藏自治区农牧科学院草业科学研究所　王敬龙

（十七）魔鬼辣椒

种质名称：魔鬼辣椒。
作物及类型：辣椒，引进品种。

来源地：西藏自治区日喀则市定结县。

种植历史：7年、从尼泊尔引进。

主要特征特性：种子播种、种植在温室中。很辣，种1次可收2年。生长在海拔2 065m区域，株高180cm，植株高大，像树一样。茄果小，有两种形状，圆形和楔形，仅3~5cm大小，特别辣，颜色鲜红，从尼泊尔引入。

魔鬼辣椒

供稿人：西藏自治区农牧科学院农业资源与环境研究所　高　雪
　　　　西藏自治区农牧科学院　金　涛

（十八）萨迦芜根

种质名称：萨迦芜根。

作物及类型：芜菁，地方品种。

来源地：西藏自治区日喀则市萨迦县。

种植历史：30多年。

主要特征特性：条播，后期间苗。好吃，可以剥皮生吃、煮着吃、煮后切片晾干吃。芜根藏语名为"妞玛"，它对抗缺氧、抗疲劳、降血脂，以及缓解水土不服等症状有极高调节补充作用。生芜根能开胃消食，还有清热解毒的功效。是青藏高原一种独有的食、药、饲三用植物，富含多种维生素和微量元素，是无污染、纯天然、原汁原味的绿色食品。

萨迦芜根

供稿人：西藏自治区农牧科学院农业研究所　廖文华、尼玛央宗、田朋佳

（十九）康马野生六棱大麦

种质名称：康马野生六棱大麦。
作物及类型：小麦野生近缘植物，野生资源。
来源地：西藏自治区日喀则市康马县。
种植历史：上千年。
主要特征特性：六棱大麦常大面积出现在青稞田中，对青稞的产量影响很大。六棱野生大麦是禾本科大麦属中大麦的一个亚种，麦穗的横切面呈正六角形，小穗轴具有长绒毛，穗形紧密，麦粒小而整齐，含蛋白质较多。西藏自治区六棱野生大麦的分布区很广，其能够和二棱野生大麦及栽培大麦共生达数千年之久，其与栽培大麦外形极其相似，仅穗轴在成熟时呈现逐节断落的野生形状，该大麦作为青稞的野生近缘种，包含一些青稞所没有的特异性基因，可作为青稞育种较好的材料。

康马野生六棱大麦

供稿人：西藏自治区农牧科学院草业科学研究所　魏　巍

（二十）日土蓝青稞

种质名称：日土蓝青稞。
作物及类型：大麦，地方品种。
来源地：西藏自治区阿里地区日土县。
种植历史：祖祖辈辈一直种，几百或上千年历史。
主要特征特性：该品种青稞发现于西藏自治区阿里地区日土县，色泽纯正鲜艳，籽粒饱满，种植产量高，营养物质含量丰富，矿物元素，花青素含量高，有益人体健康，据当地人介绍，这种蓝青稞吃了特别管饱，适合孕妇小孩吃，具有抗病、抗虫、耐旱、优异等特性，能在贫瘠的土壤条件下生长，具有较高的蛋白质、维生素B、β-葡聚糖含量，除此之外，抗炎、抗氧化、抗三高（高血压、高血脂、高血糖）等功效显著，深受当地人喜爱。

日土蓝青稞

供稿人：西藏大学　周永洪

二、资源利用篇

（一）然巴珠芽蓼

比如县的珠芽蓼，当地俗称然巴，当地人把珠芽采集后，用小型石磨磨成粉，既可以直接就水食用，也可以和糌粑一起食用，目前已加工成茶、功能性保健食品等，销售价格较高，销路较好，有较大的产业化发展潜力。

供稿人：西藏自治区农牧科学院农业研究所　拉巴扎西

（二）隆子黑青稞

2017年以来，隆子黑青稞先后荣获农产品地理标志认证、隆子黑青稞无公害认证、商品条码证书认证，完成了隆子黑青稞国家地理标志产品保护、隆子黑青稞糌粑国家地理标志产品保护及隆子黑青稞地理标志商标注册工作。在"2018中国国际商标品牌节"上荣获金奖，2019年隆子黑青稞获批"中国气候好产品"荣誉。2023年5月，经世界纪录认证（WRCA）官方人员现场审核，西藏自治区隆子县被认证为"世界最大黑青稞种植基地"。该县年黑青稞种植面积3.3万亩左右，年总产量达9 900t，可为群众创收近5 000万元，同时，隆子县现已有4家黑青稞加工企业，年加工能力超过230t，实现黑青稞加工产值近900万元，经济效益较高。

供稿人：西藏自治区农牧科学院　德吉曲珍

（三）艾玛马铃薯

南木林县艾玛乡艾玛马铃薯，也是地理标志农产品，全县马铃薯年种植面积达4万亩，总产量达1.15亿kg，年产值6 000万元以上，已成为南木林县农业中的支柱产业。

供稿人：西藏自治区农牧科学院农业研究所　廖文华

（四）贡嘎红马铃薯

贡嘎县的昌果红马铃薯，近年来，昌果红马铃薯在产业化发展的道路上，创立了属于自己的品牌，先后获得"原产地认证""农产品地理标志"等标识。2007年，对口援助贡嘎县的湖南省长沙市援藏干部利用湖南省第九届、第十届国际农博会和第十一届国际农博会的平台，帮助昌果的红马铃薯走出区门，拿下农博会"金奖"，并成功地把这一高原品牌、生态品牌产品打入内地市场。同时，该县通过加大对群众的宣传、引导力度，积极培育群众的市场意识，实施"公司+农户"的马铃薯种植模式，已经把昌果红马铃薯产业做大做强。

供稿人：西藏自治区农牧科学院农业研究所　尹中江、尼玛次仁

（五）优质黄肉光核桃

收集于林芝市巴宜区，蔷薇科李属落叶乔木，是农民驯化的野生资源，树龄百年以上，优质，晚熟，果大，单果重50g以上，果肉黄色。可作为野生桃直接利用，也可作为培育鲜食桃品种的育种材料，此外，在果肉色素积累机理研究方面具有科学价值。

供稿人：西藏自治区农牧科学院蔬菜研究所　曾秀丽

（六）白墩苜蓿

海拔4 461m收集到的苜蓿属种植历史14年，种子可正常成熟，饱满，千粒重2.5g，株高70~120cm，植株茂盛，叶片较大，叶量多；判定为逸生种，有大叶、狭叶、直立、匍匐等多种类型。通常紫花苜蓿在西藏自治区海拔4 200m的地方种植，株高仅20cm左右，现有紫花苜蓿育成品种均不能正常成熟。可作为优异的抗寒资源材料，是难得的核心种质资源，可直接从中筛选出适宜高海拔的优异豆科草品种。

供稿人：西藏自治区农牧科学院　金　涛

三、人物事迹篇

（一）勤于专研　发扬"孺子牛"精神

——西藏自治区芒康县农牧科技推广服务中心梁炜君

梁炜君，男，共产党员，出生于1988年1月，现任西藏芒康县农牧科技推广服务中心主任，第二届全国乡村振兴青年先锋候选人，第二届"最美农技员"，在西藏自治区创先争优强基础惠民生活动中，被评为"先进驻村（居）工作队员"。

农作物种质资源是西藏自治区农业发展的重要内容，农作物种质资源与西藏自治区农业发展、藏区人民生活等多方面均有重要的联系，同时也是西藏自治区生物多样性的重要构成内容，是保证西藏自治区农业得以持续发展的重要基础。西藏自治区农牧科学院第2调查小组在西藏芒康县农牧科技推广服务中心梁炜君主任的支持和协助下，对芒康县9个乡镇19个村进行了系统走访，全面完成了芒康县农作物种质资源精确定位、图像采集、样品收集工作，通过走访当地高龄老农、种植大户，及时了解当地古老、珍稀、名优作物地方品种和野生近缘植物种质资源，在收集种质资源的同时，向老百姓广泛宣传农作物种质资源普查与收集的目的和

梁炜君同志和普查队员一起开展入户、田间资源普查

意义，呼吁当地农户对濒临灭绝的原生态古老资源进行保护。在芒康县共收集到农作物种质资源109份。

该同志一直坚守服务"三农"的理念，处处讲党性，时时作表率，认真学习，勤于钻研，吃苦耐劳，充分体现了一名共产党员的先进性和人民公仆的"孺子牛"精神，时时刻刻发挥着农牧人的高尚品质。为强化农作物新种质、鉴定与利用研究、提升种质科技创新能力和核心竞争力作出了重要贡献。

梁炜君同志和普查队员一起开展入户、田间资源普查

供稿人：西藏芒康县农牧科技推广服务中心　梁炜君

（二）珍惜学习机会　发扬青稞精神

——西藏自治区农牧科学院第三次全国农业资源普查员伦珠朗杰

1. 提高认识，认真学习，熟练掌握农业资源普查的基本方法和相关知识

伦珠朗杰，1992年出生于西藏自治区南山市乃东区，西藏自治区农牧科学院农业研究所助理研究员，本科毕业于中国农业大学农学与生物技术学院农学专业，2019年硕士毕业，由西藏大学与中国农业科学院作物科学研究所联合培养。硕士期间开展了青稞种质资源调查与遗传多样性分析工作，对种质资源有一定的了解。参加工作后，虚心向同事和前辈学习，不断提高自身的专业水平和专业技能，牢记"把论文写在高原大田里"的使命，当一名称职的青年农业科技人员，为西藏自治区农业可持续发展作出应有的贡献。

2. 钻研突破，勇挑重担

西藏自治区第三次全国农作物种质资源普查与收集行动工作启动后，伦珠朗杰主要负责昌都市边坝县、丁青县、洛隆县、江达县、卡若区的普查与调查工作，先后走遍了60个乡镇、300多个行政村及400多个自然村进行资源收集与抢救工作，行程有2.3万多公里。伦珠朗杰参加工作刚好遇上了第三次全国农作物种质资源普查工作的启动，第一年由队长达瓦顿珠博士带领他们对昌都市江达县进行普查与指导，之后4个县的普查由伦珠朗杰带领团队成员及学生对各县每一个村进行资源普查，5个县共收集了522份资源，377份收到国家库接收证明，197份是超额完成任务。

以第三次全国农作物种质资源普查作为历练和学习的机会，伦珠朗杰了解了西藏自治区农业生产实际的状况、西藏自治区农业资源的独特的地貌和生物多样性，增强了种质资源保护意识，通过实际行动来对宝贵资源进行收集与保护。与基层干部、老干部、老农、田间干活的妇女通过聊天或者咨询方式，获取一切有价值信息和线索来寻找有价值的资源。通过普查工作，伦珠朗杰积攒了丰富的资源收集技能和基层工作能力，提高了组织能力和工作总结能力。

3. 爬山涉水，不惧困难，只为摸清高原农作物资源"家底"

西藏自治区整体的普查路途遥远而险峻，尤其昌都市各县的普查工作是最艰难险峻，几乎难以看到宽旷的区域，都是崇山峻岭，村落大都坐落于高山峡谷的半山腰，有时候村与村之间直线距离40km，但必须翻山或绕开几百公里才能到达目的地。有些乡镇只有每年5—9月才能进去，若是遇到雨季一年四季都难以进出。令伦珠朗杰印象比较深刻的是去昌都市边坝县金岭乡和加贡乡普查时，调查组初到边坝县普查的时间是9月初，进入这两个乡镇必须翻过川藏第一险"夏贡拉山"（海拔5 300m），山顶常年积雪或者雪融化而泥路难以行车，调查组在2次尝试准备翻山失败后，在最后两天连续晴天的9月14日成功翻过夏贡拉山到达金岭乡。金岭乡地处高原，常年有冰川湖，地势为四面高，中间低，金岭乡耕地面积7 047亩，人均1.7亩，可利用草地面积571 586亩。粮食种植面积4 614亩，占总耕地面积的65.5%，主要农作物是青稞、元根、饲草等。境内最高峰夏贡拉山位于朗杰贡村，最低点位于玉坝村，海拔3 356m。金岭乡普查完后沿着峡谷到达加贡乡，加贡乡是以牧业为主的乡镇，平均海拔4 000m，主要农作物是青稞。加贡乡普查完成后准备原路返回，结果加贡乡与金岭乡之间的路塌方无法原路返回，最后翻过加贡乡与那曲市比如县羊秀乡之间的青拉山返回边坝县。加贡乡和金岭乡的干部群众由于被夏贡拉山阻隔，去县城买生活用品或者上学特别困难，但庆幸的是国家修建的国道349夏贡拉隧道2022年底已全线贯通通车。从这两个乡收集了丰富的农作物和藏药材等资源。

伦珠朗杰连续两年带队去昌都市丁青县当堆乡洛河村考察，该村坐落于非常峻峭的怒江河畔半山腰，道路全是弯弯曲曲的土路，上面是陡峭的高山，下面是怒江河，只能单向通车，若是遇到会车情况，非常危险刺激，考验司机技术。2020年半路刚好遇到了从村里前往乡里的皮卡车，当时紧张得手心都出汗，到村里又不能单独行动，必须村委会主任带领所有人聚集在一起才能出去，因为听村委会主任讲前几天有个姑娘被棕熊袭击遇害身亡，村里一般都是几个人一起行动。该村独特的气候，调查组收集了青稞、小麦、藏萝卜、藏葱、苹果、桃、杏等丰富的农作物种质资源，没有辜负冒险来这里考察。

4. 积极工作，努力完成各项工作任务

作为一名基层农业技术人员，伦珠朗杰从事青稞种质资源收集与育种工作，深知种质资源收集的重要意义和未来育种的应用价值，因此在农作物种质资源普查工作中更加努力和刻苦，应收尽收一切可利用的资源，正是这种责任感、使命感映射出这位农技工作者的高尚情怀，工作中勇挑重担，无论收集资源，鉴定录入，还是统计数据，都一丝不苟、精益求精、科学对待，在西藏自治区种质资源普查工作中起到青年科技工作者模范带头作用。

丁青县巴达乡收集种质资源时与县乡村科技干部合影

与村干部交流了解当地种质资源情况

实地收集芜菁种质资源和了解当地种植情况

与村"两委"班子及科技特派员了解该村农业基本情况

在边坝县收集农作物种质资源

与村民了解青稞种植情况及存在的问题

供稿人：西藏自治区农牧科学院农业研究所　伦珠朗杰

（三）青春因磨炼而精彩　资源因保护而留存
——记录坚守在一线的农作物种质资源守护者

2017年田朋佳到西藏农牧科学院农业研究所作物种质资源室工作，从此和农作物种质资源结下了不解之缘。2018年8月，廖文华研究员邀请中国农业科学院高爱农老师、郭刚刚老师、武晶老师、杨涛老师、刘敏轩老师等专家，带领作物种质资源室的全体成员前往村里进行资源的收集，照片的拍摄，资源信息的记录以及和当地农民的交流访谈等。这也是她第一次体验资源收集，她也在这个过程中明白了种质资源的重要性，这次经历也开启了她对种质资收集的热爱。

2019年第三次全国农作物种质资源普查与收集行动工作开启后，每年6—9月她和其他普查队员一起下乡收集种质资源，学习同事的工作经验，和县农业农村局工作人员沟通，与当地村民交流，了解每一份资源的基本情况，以及农作物资源所赋予的民族文化等。种质资源收集工作加深了她对农作物种质资源的理解，增加了她对农作物种质资源收集的兴趣，也让她深深地爱上了这份工作。

从资源收集，到资源整理，再到资源保存，她认真地熟悉着每个流程，看着一份份种子从大自然来到低温种质资源库，从十几年的种子寿命延长到上百年，种子的生命在这里得以延续，种子的优良基因在这里得以保存，种子的名字也在这里被人们熟知，每一份种质资源都被记录在农作物种质资源保存名录上。

资源收集是与种子的初识，首先通过最熟悉种子的当地人进行初步的了解，田朋佳来到种子生长的地方，热情地询问当地老人，了解每一份资源的情况，这份种子在本地种了多少年了？产量怎么样？一般怎么吃？您觉得这份种子最大的特点是什么？祖祖辈辈在当地种的老品种还有吗？这个品种为什么这么多年不种了，依然有种子？这个品种当地人为什么喜欢种？播种收获时间？当地种植面积，大概有多少农户种？等等，她如饥似渴地记录着每一份种子的故事，听着每一份种子的前世今生，这份种子因为村民对它赋予的故事而熠熠生辉，这份种子通过自己的表型性状向世人讲述着它的生长环境和特征特性，历经千年在自然和人工选择中留存下来。人们不禁感叹这份种子对于育种家的意义，这份种子适者生存对于大自然的意义，对种质资源保护的意义，种质资源人的梦想也在高原这片土地上生根发芽。

"第三次农作物种质资源普查与收集行动"启动后，田朋佳主动承担了西藏自治区全区农作物种质资源的汇交工作，从农作物种质资源收集的要求到系统数据表格的填写再到种子的核对，最后是种子的打包邮寄。她积极学习并请教国家普查办工作人员和不同作物领域的专家，对提交资源的整个流程和要求，从不熟悉到烂熟于心，她耐心地跟调查队讲解收集提交过程中应该注意的问题，分享其他收集队的经验做法，兢兢业业，一丝不苟。全国第三次农作物种质资源普查与收集行动项目实施过程中，为西藏自治区种质资源的发展培养了一批又一批年轻人，这些朝气蓬勃的年轻人借助第三次普查项目快速地成长，不仅增加了阅历，培养了耐心，学到了知识，更重要的是找到了个人发展的兴趣和方向，这些年轻力量也将为西藏自治区种质资源未来发展奠定良好的基础。

种子是农业的"芯片",培育新品种离不开种质资源的支撑。在国家的高度重视和支持下,西藏自治区将建成第一座国家青藏高原作物种质资源中期库(拉萨)和国家青藏高原作物种质资源圃。该项目获批实施,对大幅提升西藏自治区农作物种质资源保护和研究水平具有深远影响,这也体现出国家对西藏自治区种质资源的重视。我们作为年轻的一代资源人,必将继承和发扬老一辈人的吃苦耐劳、自力更生、艰苦奋斗的精神,砥砺前行,为种质资源的保护、发展、研究,贡献自己的一份力量。

与村干部交流了解当地农作物情况

在农户家收集农作物种子

记录种质资源信息并进行拍照

与当地农民进行交流了解种植情况

田间采集半野生小麦

和普查队员讲解种质资源提交过程中遇到的问题与建议

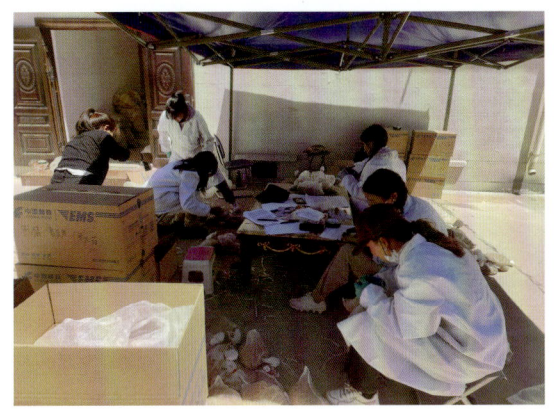
核对提交给国家普查办的种质资源

对核对后的种质资源进行打包装箱邮寄

供稿人：西藏自治区农牧科学院农业研究所　田朋佳

（四）勤勤恳恳做事　踏踏实实做人

——西藏大学王艳梅

王艳梅，一名就读于西藏大学生态环境学院的硕士研究生，出于对植物浓厚的兴趣，当得知西藏自治区需进行第三次全国农作物种质资源普查与收集行动任务时，她毫不犹豫投身其中。自2021年入学以来，她在西藏大学周永洪老师的带领下参与并负责了西藏自治区林芝市、山南市、阿里地区总计30个县的农作物种质资源普查与征集工作。作为唯一参与并负责的硕士研究生，她深入偏远的乡村和田野，不怕辛苦，不畏艰险，在20岁的她身上展现出高度的专业精神和耐心，让我们看到了当代年轻人敢闯敢拼的精神。

在普查过程中王艳梅同学表现出良好的沟通交流能力，出色的组织协调能力及团队合作的能力。周永洪老师组种质资源普查范围广，上交有效资源2 895份，约占整个自治区的1/2，任务重，难度大，其中，包括了西藏自治区海拔最高难度最大的阿里地区，这些资源的分类、整理、入库及各类清单的制作，普查表、征集表、调查表的系统填报，总结报告的撰写等工作都流淌着周永洪老师的心血。在资源收集途中，周永洪老师团队经历了山体滑坡，泥石流，大雪封山等自然灾害，但都无法阻挡他们团队的脚步，周永洪老师团队觉得越困难，越艰险的地方资源质量更为特别，普查显得更有意义。

王艳梅凡事亲力亲为，性格幽默风趣，胆大心细，平易近人，普查途中她所带领的队伍总是充满欢声笑语，繁重的普查任务显得格外欢快，独特的人格魅力使得参加普查的人员总想和她一组。普查时由于文化地域原因，常常遇到作物描述不清的农牧民，她总能临危不惧，通过引导和肢体表达，仔细询问，挖掘到有价值的信息。在采集牧草资源时，由于此前从未接触过，对牧草的鉴定及特性显得很被动，但她不服输，通过查阅相关书籍，阅读相关文献，2～3个月之后已经能识别阿里地区常见牧草种类并进行简单分类。

王艳梅不怕苦，不怕累，在面临毕业的关键时期，要兼顾繁忙的学业和工作的关系，整个普查过程全组收集并提交的农作物资源的分类整理核查、数据分析、系统填报等工作细小琐碎，任务繁重，常常忙到半夜三四点甚至通宵，从不抱怨一句，那时实验室师姐常关心地说："师妹，高原地区不能一直熬啊，年轻是资本，但也要注意身体呐"。但她总是笑着开玩笑说："别怕，我能最早的见到明天的太阳"。

王艳梅有良好的心态，求真务实的精神，积极向上的态度，在周永洪老师的影响下，每次到村里就像"鬼子进村"一样，到处"搜刮"，最多的时候她所负责的一个村收到了40份农作物种质资源，作为西藏大学的一分子，她时刻谨记钟扬老师"一个基因可以拯救一个国家，一粒种子可以造福万千苍生"的教诲，时刻谨记周永洪老师"不怕吃苦，甘于奉献，要享得了福，也要吃得起苦"的叮嘱。

经过3年的努力，王艳梅所在团队为农作物种质资源库提供了许多优质、珍稀、价值不菲的资源，为此次任务的顺利完成作出了突出贡献。她以自己的实际行动诠释了一名硕士研究生对农作物种质资源普查与收集行动的热爱，对科学的热爱，同时也展现出了年轻一代的责任与担当，她身上所含的优秀品质更值得我们学习和赞扬。

供稿人：西藏大学　王艳梅

四、经验总结篇

西藏自治区在普查行动中总结的成功经验

1. 加强组织领导，确保各项工作有序推进

为积极做好农作物种质资源普查与收集工作，技术专家组组长、系统普查工作负责人组织相关人员召开了多次专题会议，对工作进行总体部署，明确了任务目标及责任分工，先后多次与西藏自治区农业农村厅相关领导召开碰头会或电话汇报，就如何做好此次工作进行了交流与讨论。召开中期推进会各系统普查负责人对工作执行情况及完成情况进行了汇报，对工作实施过程中存在的问题与不足进行了充分的讨论，并提出了解决和改进的办法，为工作顺利开展集中了思想、指明了方向。

2. 加强沟通协调，提高工作效率

充分利用电话、微信、网络等现代通信及信息手段，提前与各县农牧局负责资源普查的科技人员、乡村干部了解当地农作物种质资源情况，查询相关信息，提前计划好工作日程，同时加强小组间或小组内成员之间的沟通协调，极大地提高了普查工作的效率。

3. 组织动员大学生参与普查工作

普查队由包括粮食作物、经济作物、蔬菜、果树、植物分类等不同领域或专业的专家组成，在普查过程中各专业优势互补，确保普查人员和技术保障。组织和鼓励相关专业的大学生参与普查与调查工作，很大程度上解决了西藏自治区地广人稀，专业技术人员数量不足等客观困难。

附录　第三次全国农作物种质资源普查与收集行动2019年实施方案

根据《第三次全国农作物种质资源普查与收集行动实施方案》（农办种〔2015〕26号）要求，2019年在继续做好江苏、广东、浙江、福建、江西、海南、四川和陕西（陕南）8省农作物种质资源系统调查、鉴定评价和编目入库（圃）保存的基础上，启动北京、天津、河北、安徽、西藏、陕西（陕北）和新疆7省（区、市）农作物种质资源普查与征集、系统调查与抢救性收集工作。

一、主要任务

（一）农作物种质资源普查与征集

对北京、天津、河北、安徽、西藏和陕西（陕北）6省（区、市）255个农业县（市、区）（附件1）的农作物种质资源进行全面普查。一是查清粮食、经济、蔬菜、果树、牧草等栽培作物古老地方品种的分布范围、主要特性以及农民认知等基本情况；二是列入国家重点保护名录的作物野生近缘植物的种类、地理分布、生态环境和濒危状况等重要信息；三是各类作物的种植历史、栽培制度、品种更替、社会经济和环境变化、种质资源的种类、分布、多样性及其消长状况等基本信息；四是分析当地气候、环境、人口、文化及社会经济发展对农作物种质资源变化的影响，揭示农作物种质资源的演变规律及其发展趋势。填写《第三次全国农作物种质资源普查与收集行动普查表》和《第三次全国农作物种质资源与收集行动征集表》（附件2和附件3）。

征集古老、珍稀、特有、名优的作物地方品种和野生近缘植物种质资源6 350份。

（二）农作物种质资源系统调查与抢救性收集

对浙江、福建、江西、四川、陕西、北京、天津、河北、安徽、西藏、新疆11省59个县（市、区）（附件4）进行各类农作物种质资源的系统调查。调查每类农作物种质资源的科、属、种、品种分布区域、生态环境、历史沿革、濒危状况、保护现状等信息，深入了解当地农民对其优良特性、栽培方式、利用价值、适应范围等方面的认知等基础信息。填写《第三次全国农作物种质资源普查与收集行动调查表》（附件5）。

抢救性收集各类作物的古老地方品种、种植年代久远的育成品种、国家重点保护的作物野生近缘植物以及其他珍稀、濒危野生植物种质资源5 310份。

（三）农作物种质资源鉴定评价与编目入库

在适宜生态区，2017—2018年对江苏、广东、浙江、福建、江西、海南、四川、陕西8省征集和抢救性收集的种质资源，在适宜生态区进行繁殖，并开展基本生物学特征特性的鉴定评价，经过整理、整合并结合农民认知进行编目，入库（圃）妥善保存。

鉴定各类农作物种质资源5 500份，繁种入库（圃）保存5 000份。

（四）农作物种质资源普查与收集数据库建设

对普查与征集、系统调查与抢救性收集、鉴定评价与编目等数据、信息进行系统整理，按照统一标准和规范建立全国农作物种质资源普查数据库和编目数据库，编写全国农作物种质资源普查报告、系统调查报告、种质资源目录、重要农作物种质资源图集等技术报告。

二、工作措施

（一）补充完善培训教材

在系统总结前几年工作基础上，根据新时代种质资源普查与收集工作面临的新形势、新要求，中国农业科学院作物科学研究所组织修订种质资源普查、系统调查和采集标准，进一步完善种质资源普查、系统调查和采集表格，修订培训教材。

（二）组建普查与收集专业队伍

北京、天津、河北、安徽、西藏、陕西6省（区、市）农业农村主管部门指导普查县（市、区）农业农村局（委），组建由相关专业管理和技术人员组成的普查工作组，开展农作物种质资源普查与征集工作。

北京、天津、河北、安徽、西藏、新疆6省（区、市）的省级农科院组建由农作物种质资源、作物育种与栽培、植物分类学等专业人员组成的系统调查队，开展农作物种质资源系统调查与抢救性收集工作。

（三）开展技术培训

举办种质资源系统调查与抢救性收集培训班，分区域、分省份举办种质资源普查与征集培训班；解读《全国农作物种质资源保护与利用中长期发展规划（2015—2030年）》和《第三次全国农作物种质资源普查与收集行动实施方案》，培训文献资料查阅、资源分类、信息采集、数据填报、样本征集与收集、鉴定评价、资源保存等。

（四）组织考核与宣传

中国农业科学院作物科学研究所牵头组织做好种质资源普查与收集的技术指导、督查考核以及宣传工作。相关省（区、市）主管部门、有关单位狠抓工作落实，配合并组织做好种质资源普查、收集与宣传等工作。

三、进度安排

（一）总结部署与培训会。组织召开"第三次全国农作物种质资源普查与收集行动"2019年工作会，举办系统调查与抢救性收集培训班、普查与征集培训班（3月下旬至4月下旬）。

（二）普查与征集。完成北京、天津、河北、安徽、西藏、陕西（陕北）6省（区、市）255个农业县（市、区）农作物种质资源的普查与征集工作，将普查数据录入数据库，将征集的种质资源送交本省（区、市）农科院（陕西省相关县（市、区）征集的资源送交西北农林科技大学）临时保存（5月上旬至11月底）。

（三）系统调查与抢救性收集。完成浙江、福建、江西、四川、陕西、北京、天津、河北、安徽、西藏、新疆11省59个农业县（市、区）农作物种质资源系统调查与抢救性收集工作（5月中旬至11月底）。

（四）鉴定评价和入库（圃）保存。对江苏、广东、浙江、福建、江西、海南、四川、陕西8省2017—2018年征集与收集的农作物种质资源进行田间繁殖、鉴定评价和编目入库（圃）保存等（4月上旬至11月底）。

（五）年度总结。完善全国作物种质资源普查数据库和编目数据库，编写农作物种质资源普查报告、系统调查报告、种质资源目录等技术报告，并进行年度工作总结。（11月上旬至12月底）。

（六）宣传工作。中国农业科学院作物科学研究所组织完成年度宣传工作，各省（区、市）主管部门、有关单位积极配合并做好本地本单位的种质资源普查与收集的年度宣传工作（4月中旬至12月下旬）。

附件：1.第三次全国农作物种质资源普查与收集行动2019年普查县（市、区）清单
2.第三次全国农作物种质资源普查与收集行动普查表
3.第三次全国农作物种质资源普查与收集行动征集表
4.第三次全国农作物种质资源普查与收集行动2019年系统调查县（市、区）清单
5.第三次全国农作物种质资源普查与收集行动调查表

附件1

第三次全国农作物种质资源普查与收集行动
2019年普查县（市、区）清单

一、北京市（11个县）

序号	普查县（市、区）	备注	序号	普查县（市、区）	备注
1	海淀区	北京市	7	大兴区	北京市
2	门头沟区		8	怀柔区	
3	房山区		9	平谷区	
4	通州区		10	密云区	
5	顺义区		11	延庆区	
6	昌平区				

二、天津市（10个）

序号	普查县（市、区）	备注	序号	普查县（市、区）	备注
1	东丽区	天津市	6	宝坻区	天津市
2	西青区		7	宁河县	
3	津南区		8	静海区	
4	北辰区		9	蓟州区	
5	武清区		10	滨海新区	

三、河北省（117个）

序号	普查县（市、区）	备注	序号	普查县（市、区）	备注
1	井陉矿区	石家庄市	7	行唐县	石家庄市
2	藁城区		8	灵寿县	
3	鹿泉区		9	高邑县	
4	栾城区		10	深泽县	
5	井陉县		11	赞皇县	
6	正定县		12	无极县	

（续表）

序号	普查县（市、区）	备注	序号	普查县（市、区）	备注
13	平山县	石家庄市	45	曲周县	邯郸市
14	元氏县		46	武安市	
15	赵县		47	邢台县	邢台市
16	晋州市		48	临城县	
17	新乐市		49	内丘县	
18	古冶区	唐山市	50	柏乡县	
19	曹妃甸区		51	隆尧县	
20	滦县		52	任县	
21	滦南县		53	南和县	
22	乐亭县		54	宁晋县	
23	迁西县		55	巨鹿县	
24	玉田县		56	新河县	
25	遵化市		57	广宗县	
26	迁安市		58	平乡县	
27	青龙满族自治县	秦皇岛市	59	威县	
28	昌黎县		60	清河县	
29	抚宁县		61	临西县	
30	卢龙县		62	南宫市	
31	峰峰矿区	邯郸市	63	沙河市	
32	邯郸县		64	满城县	保定市
33	临漳县		65	清苑区	
34	成安县		66	涞水县	
35	大名县		67	阜平县	
36	涉县		68	徐水区	
37	磁县		69	定兴县	
38	肥乡县		70	唐县	
39	永年区		71	高阳县	
40	邱县		72	容城县	
41	鸡泽县		73	涞源县	
42	广平县		74	望都县	
43	馆陶县		75	安新县	
44	魏县		76	易县	

（续表）

序号	普查县（市、区）	备注	序号	普查县（市、区）	备注
77	曲阳县	保定市	98	崇礼区	张家口市
78	蠡县		99	鹰手营子矿区	承德市
79	顺平县		100	承德县	
80	博野县		101	兴隆县	
81	雄县		102	平泉市	
82	涿州市		103	滦平县	
83	安国市		104	隆化县	
84	高碑店市		105	丰宁满族自治县	
85	宣化区	张家口市	106	宽城满族自治县	
86	下花园区		107	围场满族蒙古族自治县	
87	张北县		108	固安县	廊坊市
88	康保县		109	永清县	
89	沽源县		110	香河县	
90	尚义县		111	大城县	
91	蔚县		112	文安县	
92	阳原县		113	大厂回族自治县	
93	怀安县		114	霸州市	
94	万全区		115	三河市	
95	怀来县		116	定州市	省直辖县级行政区划
96	涿鹿县		117	辛集市	
97	赤城县				

四、安徽省（38个）

序号	普查县（市、区）	备注	序号	普查县（市、区）	备注
1	肥东县	合肥市	8	濉溪县	淮北市
2	怀远县	蚌埠市	9	铜陵市	铜陵市
3	五河县		10	怀宁县	安庆市
4	固镇县		11	潜山县	
5	潘集区	淮南市	12	太湖县	
6	凤台区		13	宿松县	
7	和县	马鞍山市	14	望江县	

（续表）

序号	普查县（市、区）	备注	序号	普查县（市、区）	备注
15	岳西县	安庆市	27	埇桥区	宿州市
16	桐城市		28	砀山县	
17	黟县	黄山市	29	萧县	
18	南谯区	滁州市	30	灵璧县	
19	来安县		31	泗县	
20	全椒县		32	金安区	六安市
21	定远县		33	寿县	
22	凤阳县		34	霍邱县	
23	天长市		35	舒城县	
24	明光市		36	金寨县	
25	临泉县	阜阳市	37	霍山县	
26	阜南县		38	青阳县	池州市

五、西藏自治区（36个）

序号	普查县（市、区）	备注	序号	普查县（市、区）	备注
1	林周县	拉萨市	19	江达县	昌都市
2	尼木县		20	贡觉县	
3	曲水县		21	丁青县	
4	堆龙德庆区		22	察雅县	
5	达孜县		23	八宿县	
6	墨竹工卡县		24	左贡县	
7	桑珠孜区	日喀则市	25	芒康县	
8	南木林县		26	洛隆县	
9	江孜县		27	边坝县	
10	定日县		28	乃东县	山南地区
11	萨迦县		29	扎囊县	
12	拉孜县		30	贡嘎县	
13	昂仁县		31	桑日县	
14	谢通门县		32	琼结县	
15	白朗县		33	隆子县	
16	仁布县		34	巴宜区	林芝市
17	康马县		35	波密县	
18	卡若区	昌都市	36	察隅县	

六、陕西省（陕北43个）

序号	普查县（市、区）	备注	序号	普查县（市、区）	备注
1	临潼区	西安市	23	子长县	延安市
2	蓝田县		24	安塞县	
3	周至县		25	志丹县	
4	零邑区		26	吴起县	
5	高陵县		27	甘泉县	
6	耀州区	铜川市	28	富县	
7	印台区		29	洛川县	
8	宜君县		30	宜川县	
9	杨陵区	咸阳市	31	黄龙县	
10	三原县		32	黄陵县	
11	泾阳县		33	神木县	榆林市
12	乾县		34	府谷县	
13	礼泉县		35	横山区	
14	永寿县		36	靖边县	
15	彬州市		37	定边县	
16	长武县		38	绥德县	
17	旬邑县		39	米脂县	
18	淳化县		40	佳县	
19	武功县		41	吴堡县	
20	兴平市		42	清涧县	
21	延长县	延安市	43	子洲县	
22	延川县				

附件2

第三次全国农作物种质资源普查与收集行动普查表
（1956年、1981年、2014年）

填表人：_____ 日期：_____年____月____日 联系电话：_____

一、基本情况

（一）县名：_____

（二）历史沿革（名称、地域、区划变化）：_____

（三）行政区划：县辖_____个乡（镇）_____个村，县城所在地_____

（四）地理系统：

县海拔范围_____~_____m，经度范围_____°~_____°，

纬度范围_____°~_____°，年均气温_____℃，年均降水量_____mm

（五）人口及民族状况：

总人口数_____万人，其中农业人口_____万人

少数民族数量_____个，其中人口总数排名前10的民族信息：

民族_____人口_____万人，民族_____人口_____万人

民族_____人口_____万人，民族_____人口_____万人

民族_____人口_____万人，民族_____人口_____万人

民族_____人口_____万人，民族_____人口_____万人

民族_____人口_____万人，民族_____人口_____万人

（六）土地状况：

县总面积_____km^2，耕地面积_____万亩

草场面积_____万亩，林地面积_____万亩

湿地（含滩涂）面积_____万亩，水域面积_____万亩

（七）经济状况：

生产总值_____万元，工业总产值_____万元

农业总产值_____万元，粮食总产值_____万元

经济作物总产值_____万元，畜牧业总产值_____万元

水产总产值_____万元，人均收入_____元

（八）受教育情况：

高等教育____%，中等教育____%，初等教育____%，未受教育____%

（九）特有资源及利用情况：_____

_____

（十）当前农业生产存在的主要问题：_____

（十一）总体生态环境自我评价：□优 □良 □中 □差

（十二）总体生活状况（质量）自我评价：□优 □良 □中 □差

（十三）其他：_____

二、全县种植的粮食作物情况

作物种类	种植面积（亩）	种植品种数目							具有保健、药用、工艺品、宗教等特殊用途品种		
		地方品种	代表性品种			培育品种	代表性品种				
		数目	名称	面积（亩）	单产（kg/亩）	数目	名称	面积（亩）	单产（kg/亩）	名称	用途	单产（kg/亩）

注：表格不足请自行补足

三、全县种植的油料、蔬菜、果树、茶、桑、棉麻等主要经济作物情况

作物种类	种植面积（亩）	种植品种数目							具有保健、药用、工艺品、宗教等特殊用途品种		
		地方或野生品种				培育品种					
		数目	代表性品种			数目	代表性品种				
			名称	面积（亩）	单产（kg/亩）		名称	面积（亩）	单产（kg/亩）	名称	用途	单产（kg/亩）

注：表格不足请自行补足

附件3

第三次全国农作物种质资源普查与收集行动征集表

注：*为必填项

样品编号*			日期*		年　月　日	
普查单位*			填表人及电话*			
地点*		省　　　　　市　　　　　县　　　　　乡（镇）　　　　　村				
经度		纬度		海拔		
作物名称			种质名称			
科名			属名			
种名			学名			
种质类型	☐地方品种　　☐选育品种　　☐野生资源　　☐其他					
种质来源	☐当地　　☐外地　　☐外国					
生长习性	☐一年生　　☐多年生　　☐越年生		繁殖习性	☐有性　　☐无性		
播种期	（　　）月　☐上旬　☐中旬　☐下旬		收获期	（　　）月　☐上旬　☐中旬　☐下旬		
主要特性	☐高产　☐优质　☐抗病　☐抗虫　☐耐盐碱　☐抗旱 ☐广适　☐耐寒　☐耐热　☐耐涝　☐耐贫瘠　☐其他					
其他特性						
种质用途	☐食用　　☐饲用　　☐保健药用　　☐加工原料　　☐其他					
利用部位	☐种子（果实）　　☐根　　☐茎　　☐叶　　☐花　　☐其他					
种质分布	☐广　　☐窄　　☐少		种质群落 （野生）	☐群生　　☐散生		
生态类型	☐农田　☐森林　☐草地　☐荒漠　☐湖泊　☐湿地　☐海湾					
气候带	☐热带　☐亚热带　☐暖温带　☐温带　☐寒温带　☐寒带					
地形	☐平原　☐山地　☐丘陵　☐盆地　☐高原					
土壤类型	☐盐碱土　☐红壤　☐黄壤　☐棕壤　☐褐土　☐黑土　☐黑钙土 ☐栗钙土　☐漠土　☐沼泽土　☐高山土　☐其他					
采集方式	☐农户收集　☐田间采集　☐野外采集　☐市场购买　☐其他					
采集部位	☐种子　☐植株　☐种茎　☐块根　☐果实　☐其他					
样品数量	（　　）粒　（　　）克　（　　）个/条/株					
样品照片						
是否采集标本	☐是　　☐否					
提供人	姓名：　　　　性别：　　　　民族：　　　　年龄：　　　　联系电话：					
备注						

填写说明

本表为征集资源时所填写的资源基本信息表，一份资源填写一张表格。

1. 样品编号：征集的资源编号。由P+县代码+3位顺序号组成，共10位，顺序号由001开始递增，如"P430124008"。

2. 日期：分别填写阿拉伯数字，如2011、10、1。

3. 普查单位：组织实地普查与征集单位的全称。

4. 填表人及电话：填表人全名和联系电话。

5. 地点：分别填写完整的省、市、县、乡（镇）和村的名字。

6. 经度、纬度：直接从GPS上读数，请用"度"格式，即ddd.dddddd（只填写数字，不要填写"度"字或是"。"符号），不要用dd度mm分ss秒格式和dd度mm.mmmm分格式。一定要在GPS显示已定位后再读数！

7. 海拔：直接从GPS上读数。

8. 作物名称：该作物种类的中文名称，如水稻、小麦等。

9. 种质名称：该份种质的中文名称。

10. 科名、属名、种名、学名：填写拉丁名和中文名。

11. 种质类型：单选，根据实际情况选择。

12. 生长习性：单选，根据实际情况选择。

13. 繁殖习性：单选，根据实际情况选择。

14. 播种期、收获期：括号内填写月份的阿拉伯数字，再选择上、中、下旬。

15. 主要特性：可多选，根据实际情况选择。

16. 其他特性：该资源的其他重要特性。

17. 种质用途：可多选，根据实际情况选择。

18. 种质分布、种质群落：单选，根据实际情况选择。

19. 生态类型：单选，根据实际情况选择。

20. 气候带：单选，根据实际情况选择。

21. 地形：单选，根据实际情况选择。

22. 土壤类型：单选，根据实际情况选择。

23. 采集方式：单选，根据实际情况选择。

24. 采集部位：可多选，根据实际情况选择。

25. 样品数量：按实际情况选择粒、克或个/条/份，填写阿拉伯数字。

26. 样品照片：样品的全写、典型特征和样品生境照片的文件名，采用"样品编号"-1、"样品编号"-2……的方式对照片文件进行命名，如"P430124008-1.jpg"。

27. 是否采集标本：单选，根据实际情况选择。

28. 提供人：样品提供人（如农户等）的个人信息。

29. 备注：如表格填写项不足以描述该资源的情况，或普查人员觉得必须要加以记载的其他信息，请在此作详细描述。

附件4

第三次全国农作物种质资源普查与收集行动
2019年系统调查县（市、区）清单

序号	普查县（市、区）	所在地区	省份
1	开化县	衢州市	浙江省
2	定海区	舟山市	
3	黄岩区	台州市	
4	仙居县		
5	庆元县	丽水市	
6	景宁畲族自治县		
7	平和县	漳州市	福建省
8	龙海市		
9	邵武市	南平市	
10	建瓯市		
11	漳平市	龙岩市	
12	蕉城区	宁德市	
13	周宁县		
14	丰城市	宜春市	江西省
15	南城县	抚州市	
16	黎川县		
17	崇仁县		
18	广昌县		
19	玉山县	上饶市	
20	横峰县		
21	鄱阳县		
22	万年县		
23	古蔺县	泸州市	四川省
24	北川羌族自治县	绵阳市	
25	平武县		
26	旺苍县	广元市	
27	青川县		
28	剑阁县		
29	苍溪县		

（续表）

序号	普查县（市、区）	所在地区	省份
30	沐川县	乐山市	四川省
31	峨边彝族自治县	乐山市	四川省
32	马边彝族自治县	乐山市	四川省
33	峨眉山市	乐山市	四川省
34	澄城县	渭南市	陕西省
35	韩城市	渭南市	陕西省
36	城固县	汉中市	陕西省
37	西乡县	汉中市	陕西省
38	留坝县	汉中市	陕西省
39	大兴区	北京市	北京市
40	怀柔区	北京市	北京市
41	武清区	天津市	天津市
42	宝坻区	天津市	天津市
43	鹿泉区	石家庄市	河北省
44	行唐县	石家庄市	河北省
45	高邑县	石家庄市	河北省
46	赞皇县	石家庄市	河北省
47	赵县	石家庄市	河北省
48	肥东县	合肥市	安徽省
49	五河县	蚌埠市	安徽省
50	凤台区	淮南市	安徽省
51	和县	马鞍山市	安徽省
52	铜陵县	铜陵市	安徽省
53	墨竹工卡县	拉萨市	西藏自治区
54	南木林县	日喀则市	西藏自治区
55	江孜县	日喀则市	西藏自治区
56	拉孜县	日喀则市	西藏自治区
57	察雅县	昌都地区	西藏自治区
58	乌鲁木齐县	乌鲁木齐市	新疆维吾尔自治区
59	哈密市	哈密地区	新疆维吾尔自治区

附件 5-1

第三次全国农作物种质资源普查与收集行动调查表
——粮食、油料、蔬菜及其他一年生作物

□ 未收集的一般性资源　　□ 特有和特异资源

1. 样品编号：_____，日期：_____年___月___日
   采集地点：_____，样品类型：_____，
   采集者及联系方式：_____
2. 生物学：物种拉丁名：_____，作物名称：_____，品种名称：_____，
   俗名：_____，生长发育及繁殖习性：_____，其他：_____
3. 品种类别：□野生资源，□地方品种，□育成品种，□引进品种
4. 品种来源：□前人留下，□换　　种，□市场购买，□其他途径：_____
5. 该品种已种植了大约_____年，在当地大约有_____农户种植该品种，
   该品种在当地的种植面积大约有_____亩
6. 该品种的生长环境：GPS定位的海拔：____m，经度：____°，纬度：____°；
   土壤类型：_____；分布区域：_____；
   伴生、套种或周围种植的作物种类：_____
7. 种植该品种的原因：□自家食用，□市场出售，□饲料用，□药用，□观赏，
   □其他用途：_____
8. 该品种若具有高效（低投入，高产出）、保健、药用、工艺品、宗教等特殊用途：
   具体表现：_____
   具体利用方式与途径：_____
9. 该品种突出的特点（具体化）：
   优质：_____
   抗病：_____
   抗虫：_____
   抗寒：_____
   抗旱：_____
   耐贫瘠：_____
   产量：平均单产_____kg/亩，最高单产_____kg/亩
   其他：_____
10. 利用该品种的部位：□种子，□茎，□叶，□根，□其他：_____
11. 该品种株高_____cm，穗长_____cm，籽粒：□大，□中，□小；
    品质：□优，□中，□差

12. 该品种大概的播种期：＿＿＿＿＿＿，收获期：＿＿＿＿＿＿＿＿

13. 该品种栽种的前茬作物：＿＿＿＿＿＿，后茬作物：＿＿＿＿＿＿＿

14. 该品种栽培管理要求（病虫害防治、施肥、灌溉等）：＿＿＿＿＿＿
＿＿＿＿＿＿＿＿＿＿＿＿＿＿＿＿＿＿＿

15. 留种方法及种子保存方式：＿＿＿＿＿＿＿＿＿＿＿＿

16. 样品提供者：姓名：＿＿＿＿，性别：＿＿，民族：＿＿＿＿，年龄：＿＿＿＿，
    文化程度：＿＿＿＿，家庭人口：＿＿＿＿人，联系方式：＿＿＿＿＿＿＿＿

17. 照相：样品照片编号：＿＿＿＿＿＿＿＿＿＿＿＿＿＿＿＿＿

注：照片编号与样品编号一致，若有多张照片，用"样品编号"加"-"加序号，样品提供者、生境、伴生物种、土壤等照片的编号与样品编号一致。

18. 标本：标本编号：＿＿＿＿＿＿＿＿＿＿＿＿

注：在无特殊情况下，每份野生资源样品都必须制作1~2个相应材料的典型、完整的标本，标本编号与样品编号一致，若有多个标本，用"样品编号"加"-"加序号。

19. 取样：在无特殊情况下，地方品种、野生种每个样品（品种）都必须从田间不同区域生长的至少50个单株上各取1个果穗，分装保存，确保该品种的遗传多样性，并作为今后繁殖、入库和研究之用；栽培品种选取15个典型植株各取1个果穗混合保存。

20. 其他需要记载的重要情况：＿＿＿＿＿＿＿＿＿＿＿＿＿＿＿＿＿

附件 5-2

第三次全国农作物种质资源普查与收集行动调查表
——果树、茶、桑及其他多年生作物

1. 样品编号：_____，日期：_____年____月____日
   采集地点：_____，样品类型：_____，
   采集者及联系方式：_____
2. 生物学：物种拉丁名：_____，作物名称：_____，品种名称：_____，
   俗名：_____，分布区域：_____，历史演变：_____，
   伴生物种：_____，生长发育及繁殖习性：_____，
   极端生物学特性：_____，其他：_____
3. 地理系统：GPS定位：海拔_____m，经度_____°，纬度_____°；
   地形：_____；地貌：_____；年均气温：_____℃；
   年均降水量：_____mm；其他：_____
4. 生态系统：土壤类型：_____，植被类型：_____，
   植被覆盖率：_____%，其他：_____
5. 品种类别：□ 地方品种，□ 育成品种，□ 引进品种，□ 野生资源
6. 品种来源：□ 前人留下，□ 换　　种，□ 市场购买，□ 其他途径：_____
7. 种植该品种的原因：□ 自家食用，□ 饲用，□ 市场销售，□ 药用，□ 其他；
   用途：_____
8. 品种特性：
   优质：_____
   抗病：_____
   抗虫：_____
   产量：_____
   其他：_____
9. 该品种的利用部位：□ 果实，□ 种子，□ 植株，□ 叶片，□ 根，□ 其他____
10. 该品种具有的药用或其他用途：
    具体用途：_____
    利用方式与途径：_____
11. 该品种其他特殊用途和利用价值：□ 观赏，□ 砧木，□ 其他_____
12. 该品种的种植密度：_____，间种作物：_____
13. 该品种在当地的物候期：_____
14. 品种提供者种植该品种大约有_____年，现在种植的面积大约_____亩，当地大约有_____户农户种植该品种，种植面积大约有_____亩

15. 该品种大概的开花期：_____，成熟期：_____
16. 该品种栽种管理有什么特别的要求？
    _____
17. 该品种株高：_____m，果实大小：_____mm，
    果实品质：□ 优，□ 中，□ 差
18. 品种提供者一年种植哪几种作物：_____
19. 其他：_____
20. 样品提供者：姓名：_____，性别：_____，民族：_____，
    年龄：_____，文化程度：_____，家庭人口：_____人，
    联系方式：_____

蓟州香白杏

供稿人：天津市农业科学院林业果树研究所　李焕勇

（三）白芝麻

种质名称：白芝麻。

作物及类型：芝麻，地方品种。

来源地：天津市宝坻区。

种植历史：50年以上。

主要特征特性：常规间套种植。香味浓厚，不耐寒。该品种种植历史长，在当地仍有一定面积的分散种植，农户种植目的除了自给自足，用于糕点制作配料和榨油，也有部分用于市集零售或售于香油作坊。主要种植地为屋前院后、田边、菜地等零散或闲置地块，该品种耐贫瘠、抗旱、抗病虫害性强，是低投入、高产出的油料经济作物，尤其在老弱劳动力为主的农户中种植比较普遍，品种品质好，在人民对高品质食用油及绿色食品需求日益增长的趋势下，高品质的

白芝麻

常规当地品种在老百姓的日常生活中发挥着重要作用，如果在对品种进行提纯复壮后进行绿色、集中规模种植，可以在当地脱贫致富和经济发展中发挥更加重要的作用。

供稿人：天津市农业科学院农作物研究所　曾　斌

（四）独流大冬瓜

种质名称：独流大冬瓜。

作物及类型：冬瓜，地方品种。

来源地：天津市静海区。

种植历史：30多年。

主要特征特性：种植于农民自留地或房前屋后，农民露地地爬种植。个大，无白霜，口感好，坐果整齐，产量高，抗病性强。种质资源提供人孙长瑞今年已80多岁，该农户多年来一直自繁、自留蔬菜种子，常年种菜到附近集市上去卖，主要靠卖冬瓜和韭菜等蔬菜过生活。他提供的这份冬瓜资源种植超过30年，该份资源性状优良，单瓜重量大，可以长到25kg以上；长筒形、表皮墨绿色、无白霜；种子纯度高；田间粗放管理适应性强。

独流大冬瓜

供稿人：天津科润农业科技股份有限公司蔬菜研究所　黄亚杰

（五）独流弯苗韭菜

种质名称：独流弯苗韭菜。

作物及类型：韭菜，地方品种。

来源地：天津市静海区。

种植历史：30多年。

主要特征特性：种植于农民自留地。种质资源提供人孙长瑞已80多岁，该农户多年来一直自繁、自留蔬菜种子，常年种菜到附近集市上去卖，主要靠卖冬瓜和韭菜等蔬菜过生活。他提供的这份韭菜资源种植超过30年。天津市静海区当地很多农户种植独流弯苗韭菜，种植很分散但种的人较多，多数种植于自留地或房前屋后用于自己家吃，也有少数农户像孙长瑞一样种韭菜到当地集市上去卖，增加一部分收入。独流弯苗韭菜是当地的一份特色韭菜，其特点是叶尖弯钩形状、产量高、味道浓郁。

独流弯苗韭菜

供稿人：天津市农业科学院蔬菜研究所　王立宾

（六）白茄

种质名称：白茄。

作物及类型：茄子，地方品种。

来源地：天津市静海区。

种植历史：70年以上。

主要特征特性：白色果皮罐茄，植株生长旺盛，产量高、耐涝、耐盐碱。静海白茄属于白茄品种中的一个变种，单果重可达1kg左右，远远超过南方白茄品种（平均单果重300g）。相传20世纪50年代生产队时期就已经在当地种植。该资源皮厚、植株生长旺盛、连续坐果能力强，适应轻简化栽培。目前在当地只作为一个家庭菜园品种，有待继续开

白茄

发，成为天津市特色白茄品种。由于白茄产量高、效益好，比普通茄子价格高，可以开发成"短、平、快"的种植项目。此外，白茄外皮还具有药用价值，可用于祛斑美容、治疗风湿关节痛等，民间流传白茄可以治疗白癜风。

供稿人：天津市农业科学院蔬菜研究所　乔　军

（七）大白瓜

种质名称： 大白瓜。
作物及类型： 南瓜，地方品种。
来源地： 天津市静海区。
种植历史： 70年以上。
主要特征特性： 种植于房前屋后。耐贫瘠，适于粗放种植。个大，皮白，老瓜耐储存。大白瓜是当地的一份特色南瓜资源，其特点是瓜大、皮色白、适于做馅儿吃。相传20世纪50年代生产队时期大白瓜就已经在静海当地广泛种植，就因为做馅儿好吃、个大高产、老瓜耐储性强、抗病性强，适于粗放栽培。发展到现今虽然种植已经很分散了，但仍有很多人在零散种植，多数用于自己家吃，也有少数农户种了到当地集市上去卖。

大白瓜

供稿人：天津科润农业科技股份有限公司蔬菜研究所　黄亚杰

（八）老来少豆角（白不老）

种质名称： 老来少豆角（白不老）。
作物及类型： 菜豆，地方品种。
来源地： 天津市静海区。

种植历史：20年以上。

主要特征特性：露地直播。豆荚越老越嫩，豆荚显得白嫩，品质好，耐老化。植株蔓生，生长势较旺，早熟性突出，荚长23cm左右，豆荚宽度1.5cm左右，嫩荚白绿色，连续结荚性好，每个花序结荚4~5个。采收时间长，晚采收几天豆荚变白，籽粒凸显，但是纤维含量没有明显增加，品质保持依然很好。"老来少"经过农民多年的自我选育而成。其早熟性突出，连续结荚能力强，豆荚品质好、耐老化得到天津周边区县农户的广泛认可。"老来少"资源的早熟性和优秀的豆荚品质是非常明显的优势，缺点是产量略低。可以利用"老来少"资源与晚熟、品质略差、抗性好的白绿荚菜豆资源进行杂交，后代经过系统分离选育，选育出高产、品质好、耐老化的白绿荚菜豆新品种。

老来少豆角（白不老）

供稿人：天津市农业科学院蔬菜研究所　于海龙

（九）大散码高粱

种质名称：大散码高粱。
作物及类型：高粱，地方品种。
来源地：天津市宝坻区。
种植历史：30年以上。

主要特征特性：常规间套种植。耐贫瘠、抗旱性强、粮经两用，低投入高产出地方品种。穗长40~60cm。该品种种植历史长，在当地仍有一定面积的分散种植，农户种植目的主要用于制作笤帚，籽粒用于饲喂家禽。主要种植地为屋前院后、田边、菜地等零散或闲置地块，该品种是低投入高产出的粮经两用作物，尤其在老弱劳动力为主的农户中种植比较普遍，在老百姓的日常生活中发挥着重要作用。

大散码高粱

供稿人：天津市农业科学院农作物研究所　曾　斌

（十）爆裂玉米

种质名称：爆裂玉米。

作物及类型：玉米，地方品种。

来源地：天津市静海区。

种植历史：20年。

主要特征特性：种植于冬小麦地周围，种植密度3 500～3 800株/亩。株高1.7m左右，叶片平展，植株青绿，但产量低。玉米粒比较坚硬，爆花率达99%以上，爆裂后体积大，花瓣白，大小颜色一致，特别漂亮。该品种的营养价值较高，籽粒钙含量高，多吃有利于补钙。花药粉红色，花丝粉色，籽粒黄色，略有倒伏，品质好。首先，该品种在当地只有2户人家有种植约2亩，属于稀有品种；其次，爆裂后品相优于市场上流通品种，具有重要开发前景；更为重要的是，农民自留种子的方式，充分体现了我国农民对农业科学的高度认知与重视。

爆裂玉米

供稿人：天津市农业科学院农作物研究所　赵晓雷

（十一）白龙港冬瓜

种质名称：白龙港冬瓜。
作物及类型：冬瓜，地方品种。
来源地：天津市宝坻区。
种植历史：100年以上。
主要特征特性：种植于房前屋后。耐贫瘠，坐果多，个大，有白霜，好吃。白霜特多；个大，老瓜长50～55cm、粗23cm左右；口感好。冬瓜利尿消肿，清热解暑。该资源在天津市宝坻区许多地方都有种植，主要特点是果实个大，单瓜重约10kg，生长势强、坐果多、产量高，白绿色果皮覆有白霜，抗病抗逆性强，耐贫瘠、耐热、耐涝、抗性强。在当地栽培形式主要为零散种植。农民多在自家院落周围少量种植。

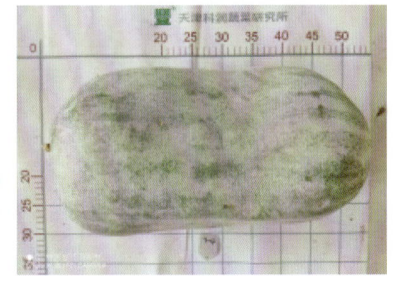

白龙港冬瓜

供稿人：天津科润农业科技股份有限公司蔬菜研究所　黄亚杰

（十二）宝坻白蒜

种质名称：宝坻白蒜。
作物及类型：大蒜，地方品种。
来源地：天津市宝坻区。
种植历史：100年以上。
主要特征特性：蒜头大，蒜皮白。既可以生食、炒制，又适合腌制。大蒜在宝坻区已有多年种植历史。2015年，宝坻大蒜种植面积1 894亩；2016年，种植面积7 327亩；

2017年，种植面积1 723亩；2018年，种植面积5 000亩。宝坻大蒜是宝坻区著名特产，最有名的是六瓣红，除六瓣红之外还有宝坻白蒜。白蒜的特点是适合腌制。在宝坻区也有很多农户种植。

 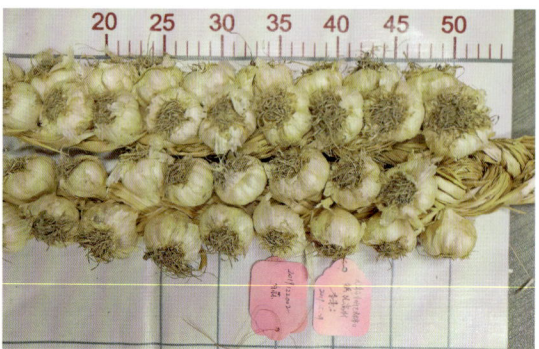

宝坻白蒜

供稿人：天津科润农业科技股份有限公司蔬菜研究所　李素文

（十三）宝坻天鹰椒

种质名称：宝坻天鹰椒。
作物及类型：辣椒，地方品种。
来源地：天津市宝坻区。
种植历史：20世纪70年代宝坻区从日本引入。
主要特征特性：植株直立，株型紧凑，椒果朝天簇生、顶端呈鹰嘴状，椒果深红色或紫红色，色泽鲜艳，表皮油亮光滑，产量高，抗逆性好、品质优良、辣度极高。在宝坻区广泛种植。天鹰椒以其干椒做外贸、内贸产品为主，也可将椒果加工成椒片、椒粉出售，其鲜椒果或椒叶也可出售，利用价值较高。宝坻天鹰椒是天津市宝坻区特产，地理标志农产品。20世纪70年代，宝坻区从日本栃木引进"三鹰椒"，经培育改良而成宝坻天鹰椒。宝坻天鹰椒是外贸出口型辣椒。该产品辣度高，在国

宝坻天鹰椒

内、国际市场享有较好的声誉,是天津市林亭口镇外贸出口主要产品之一。宝坻天鹰椒亩产干椒可达300kg,全区年销售额约300万元,对促进当地农民增收具有重要作用。

供稿人: 天津科润农业科技股份有限公司蔬菜研究所　焦　荻

(十四)曹村大蒜

种质名称:曹村大蒜。
作物及类型:大蒜,地方品种。
来源地:天津市静海区。
种植历史:始于公元1410年。
主要特征特性:曹村大蒜品质优良,具有个大皮紫、蒜瓣洁白、水分足液稠、汁鲜味浓、辣味纯正、营养丰富、特好剥皮,具有保健和营养价值,风味醇厚等特点,蒜薹短、细嫩、味鲜,深受市场喜爱。曹村大蒜历史悠久,相传明永乐八年(公元1410年),明成祖朱棣第一次北伐,获胜班师回朝,途经陈官屯暂住,好心老百姓拿出大蒜给水土不服或伤口感染的将士服用,结果奇迹般地恢复了。明成祖目睹这一奇迹,当即做了一首打油诗:"铁军横扫出六合,勒石班师陈邑过。愈我千百伤兵卒,紫皮白玉功劳多。"2020年该村有个农户种植两亩大蒜,仅蒜薹就卖了5 000多元。相传曹村大蒜是宝坻大蒜的种源地,20世纪80年代种植面积曾达到25 000多亩,出口日本,是当地支柱产业。

曹村大蒜

供稿人: 天津市农业科学院蔬菜研究所　王立宾

(十五)黄花草木樨

种质名称：黄花草木樨。
作物及类型：黄花草木樨，野生资源。
来源地：天津市武清区。
主要特征特性：河滩沿岸采集，未见大规模种植，野外自繁。草木樨根深，覆盖度大，防风防土效果极好。在低产区和粮食作物轮作，可以大幅度提高全周期产量和经济收入。黄花草木樨，耐寒、耐旱、耐瘠，易于栽培管理。草木樨开花前，茎叶幼嫩柔软，马、牛、羊、兔均喜食。切碎打浆喂猪效果也很好。它既可青饲，青贮，又可晒制干草，制成草粉。与粮食作物轮作，作为绿肥提高产量。黄花草木樨在天津市武清区、宝坻区、静海区等多个区均有零星分布，面积有限，一般为野生或者逃逸野生。近年来，随着国家绿肥产业技术体系的成立，绿肥在农民认知中的地位在一点点提升，草木樨作为一种优质绿肥，未来可以发挥很重要的作用。

  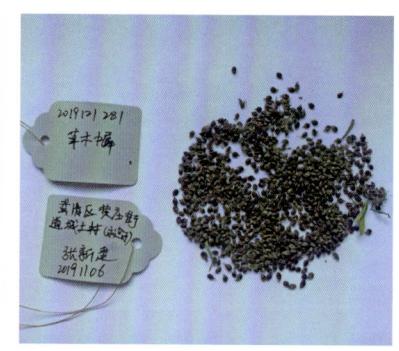

黄花草木樨

供稿人：天津市农业科学院农业资源与环境研究所　张新建

(十六)大绿豆

种质名称：大绿豆。
作物及类型：绿豆，地方品种。
来源地：天津市宝坻区。
种植历史：8年。
主要特征特性：春播。籽粒饱满均匀，粒大，干净，成熟期不炸荚，好收获，零星种植。大绿豆，茎粗，叶大，分枝多，一般株高1～1.5m，主枝直立，侧枝向上倾斜。根系发达，主要分布在耕作层内。叶为三出复叶，复叶较大，呈心形，着生于长12cm左右的叶柄顶端。花为无限花序，腋生，每序着生5～7朵黄色蝶形花。荚果细长，圆筒形，长7～11cm，成熟时为黑褐色，内生籽实8～12粒，种子圆柱形或短矩形。

大绿豆

供稿人：天津市农业科学院农作物研究所　佟　卉

（十七）分葱

种质名称：分葱。
作物及类型：分葱，地方品种。
来源地：天津市静海区。
种植历史：自1983年开始种植。
主要特征特性：种植于周围无葱的农民自留地，防止串粉。分葱作为一种重要调味品，可以增进食欲，发汗抑菌。该资源是李家楼村村民1983年从山西引进的，至今一直是家家自留种，特点是产量特高、分蘖性强、抗病抗逆性强、种植效益高。

分葱

供稿人：天津市农业科学院蔬菜研究所　王立宾

（十八）黑花生

种质名称：黑花生。
作物及类型：花生，地方品种。

来源地：天津市武清区。

种植历史：4年。

主要特征特性：春播。花生皮厚，粒饱。黑皮，果实饱满，果皮较硬，多为3粒。零星种植。黑花生属早熟品种，大粒花生，春播全生长期130d左右，夏播110d左右。长势稳健，一般不会出现疯长，叶色深绿带黑，株高45cm，高抗倒伏。连续开花数目多，结实率高，亩产450kg左右，如采用保护地覆膜栽培，亩产可达500kg。黑花生是内含钙、钾和8种维生素及19种人体所需的氨基酸等营养成分，还富含硒、铁、锌等微量元素和黑色素的新品种。

黑花生

供稿人：天津市农业科学院农作物研究所　佟　卉

（十九）黑芝麻

种质名称：黑芝麻。

作物及类型：芝麻，地方品种。

来源地：天津市武清区。

种植历史：5年。

主要特征特性：采用春播的方式种植。零星种植，一年生有性繁殖。籽粒较大，产量高。抗花叶病、立枯病；较抗虫，耐旱，较耐贫瘠。黑芝麻含有大量的脂肪和蛋白质，还含有糖类、维生素A、维生素E、卵磷脂、钙、铁、铬等营养成分。有健胃、保肝、促进红细胞生长的作用，同时可以增加体内黑色素，有利于头发生长。

黑芝麻

供稿人：天津市农业科学院农作物研究所　佟　卉

（二十）茴香

种质名称：茴香。
作物及类型：茴香，地方品种。
来源地：天津市静海区。
种植历史：100年以上。
主要特征特性：农民记忆中生产队时期就开始种植，种植于农民自留地。特点是生长慢、抗虫、抗涝、纤维少、不抽薹、味道特浓。茴香的主要成分叫作茴香油，能刺激胃肠神经血管，促进消化液分泌，增加胃肠蠕动，可以提振食欲、健胃理气，还有缓解痉挛、减轻疼痛的功效。该资源李家楼及周边村村民在生产队时期就开始自留种种植，据村民口述栽培历史可能更悠久，应该在生产队时期以前就有种植。目前，当地很多村民种植，栽培形式主要为零散种植。多在自家院落或田间地头少量种植。自己打籽留种或邻里间互传。

 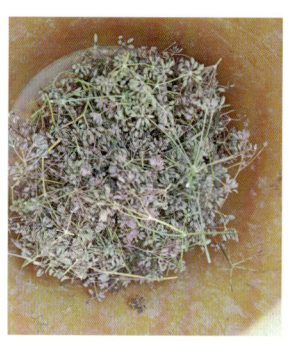 

茴香

供稿人：天津科润农业科技股份有限公司蔬菜研究所　李素文

（二十一）鸡跳脚玉米

种质名称：鸡跳脚玉米。

作物及类型：玉米，地方品种。

来源地：天津市武清区。

种植历史：4年。

主要特征特性：春播，一年生有性繁殖。鸡跳脚花药浅黄色，花丝粉红色，籽粒红色。鸡跳脚玉米硬粒型，品质好，煮粥较黏，有香味，中抗穗腐病、玉米螟，受气候条件限制明显，品质会有变化。可以作为优良育种亲本利用，是研究品质遗传与环境互作的好材料。"鸡跳脚"名字由来，一说是因为植株较矮，农村的鸡鸭跳起脚来就能够得着；另一说是因为香气浓郁，鸡鸭闻味便要跳起来向主人要食。

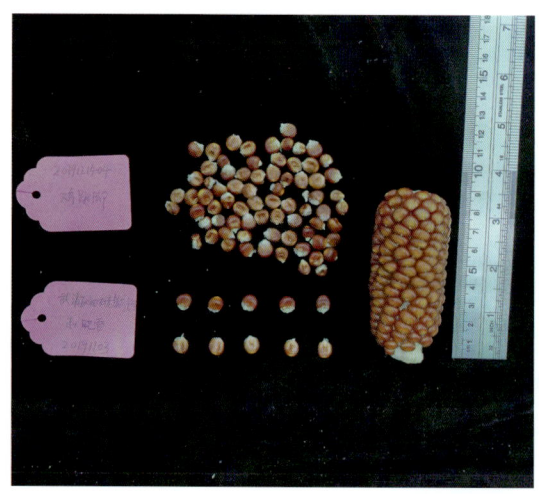 

鸡跳脚玉米

供稿人：天津市农业科学院农作物研究所　赵晓雷

（二十二）腊稔胡萝卜

种质名称：腊稔胡萝卜。
作物及类型：胡萝卜，地方品种。
来源地：天津市宝坻区。
种植历史：30年。
主要特征特性：在采集地，农民认为，腊稔胡萝卜顶小，甜，无青头，更好存放，在市场上比普通胡萝卜每斤[②]多卖几角钱。以上农民的认知是有科学道理的，该品种具有"雁脖"，是由于该类型胡萝卜的下胚轴未膨大，真根部分在土中，不易露肩见光，导致变"青头"；所谓的"雁脖"部分易于掰断，没有根头，减少了呼吸作用，从而更耐贮。该地方品种在种质采集地附近已有30年以上的种植历史，种植面积大约100亩，农户采取自繁自种，部分农户自繁的种子形成了红芯纯度高的新类型，深受市场欢迎。当地种植户都是老年人在自繁自种，种质差异较大，平均亩产1 500kg，种植水平落后，规模小，效益低，无法形成有一定规模的产业。然而，这样一个具有潜在利用价值的资源，没有得到应有的开发利用，作为此次调查收集者感到可惜，也为自己从事胡萝卜育种多年感到惭愧，觉得有责任把这份资源开发利用，以为当前精准扶贫和乡村振兴出份力量。

总之，新类型腊稔胡萝卜是非常适合挖掘且用于助力乡村振兴的种质资源。

腊稔胡萝卜

供稿人：天津市农业科学院现代都市农业研究所　付任胜

（二十三）六瓣红大蒜

种质名称：六瓣红大蒜。
作物及类型：大蒜，地方品种。

[②] 斤为非法定计量单位，1斤=500g。下同。

来源地：天津市宝坻区。

种植历史：约40年。

主要特征特性：瓣大、皮红、均匀、肉质肥厚、每个蒜头多为六瓣，蒜味纯正，辛辣纯香、液稠、胶质多、品质优良。宝坻六瓣红大蒜蒜皮红，蒜瓣洁白，蒜味特别浓郁，水分足，好吃。1973年宝坻大蒜种植面积列入国家计划，并向日本和东南亚国家出口。1987年经天津市作物品种审定委员会审定为天津市优良品种；1997—2003年连续三届被天津市人民政府评为农业名牌产品；2008年宝坻六瓣红大蒜走上了北京奥运会的餐桌；2011年经国家工商行政管理总局商标局批准，宝坻大蒜注册为地理标志商标。

宝坻区大蒜常年种植面积约6 000亩。宝坻大蒜全生育期施肥经济投入约400元/亩；全生育期灌溉经济投入约100元/亩；除劳动力以外，每亩大蒜投入4 000～5 000元。按12～20元/kg计算，亩产值0.9万～1.5万元，全年总产值6 000万～9 000万元。对促进当地农民脱贫增收具有积极作用。

六瓣大红蒜

供稿人：天津科润农业科技股份有限公司蔬菜研究所　李素文

（二十四）猫耳儿豆角

种质名称：猫耳儿豆角。

作物及类型：扁豆，地方品种。

来源地：天津市宝坻区、武清区。

种植历史：50年以上。

主要特征特性：春播，房前屋后零散种植。抗病抗逆性强，易于栽培管理。在当地至少有几十年栽培历史，猫耳儿豆角在当地有绿豆荚和紫豆荚两种，口味都挺好。猫耳儿豆角营养价值非常丰富，富含膳食纤维，且含有微量元素、维生素、碳水化合物、优质蛋白等，具有降血糖、促消化、缓解便秘等作用。宝坻区、武清区很多村镇都有农户种植，农民多在自家院落周围少量种植。有的在院墙边种，有的在院子内外竹竿搭架栽培，有的在栅栏边种。猫耳儿豆角虽然种植的规模不大，但是经调研当地也有不少农户在家种一些，原因在于猫耳儿豆角具有独特风味。当地常见的猫耳儿豆角有绿色和紫色两种，不同农户家的猫耳儿豆角豆荚长度、宽度略有差异。

　　猫耳儿豆角留种方式为农户自留种或邻里之间互传互用。栽培方面，猫耳儿豆角为蔓生、虫媒花作物，花色有白色与紫色之分。主要特点是耐贫瘠、生长势强、抗性强，房前屋后种植几株就可以爬满一片，结豆荚多、产量高。常见栽培模式：一是3月底至4月初播种，6月中旬开始采摘，可采摘半个月。整个7月至8月中旬天津地区高温多雨，会歇秧。立秋后，天气逐渐转凉，8月中旬又开始开花，结豆荚。一直到11月中旬下霜后结束；二是5月初露地直播后，8月中下旬开花、结豆荚，直至11月下霜后结束。

猫耳儿豆角

　　口感方面，猫耳儿豆角具有肉质细嫩、耐煮、特殊风味等特点。尤其风味方面与普通豆角不同，口感很独特。食用上既可以炒食、凉拌、炖肉、酿肉，又可以腌渍，尤其厚荚猫耳儿豆角，农民常常用于腌渍食用。

天津市周边区县种植的"猫耳儿豆角"属于眉豆的一种，种植历史悠久，深受天津市民的喜爱。其风味独特、生命力强、适应性广，嫩荚可作为蔬菜食用。"猫耳儿豆角"在天津市许多地方都有种植，主要特点是耐贫瘠、生长势强、耐寒、耐热、抗性强。种下几株随着猫耳儿豆角的不断生长，植株就可以爬满整面墙。开始开花后，就不断结豆荚，产量高，有的农民还会将它腌渍储存。

留种方面，通常为优选成熟豆荚晾干后干荚留种。随着人民生活水平的提高，猫耳儿豆角作为一种特殊风味蔬菜逐渐被市民认可。已经有农户开始专门栽培猫耳儿豆角进行销售，批发市场价格远高于其他豆角的价格，猫耳儿豆角逐渐出现在市民餐桌上，预测未来产业前景良好。

供稿人：天津科润农业科技股份有限公司蔬菜研究所　肖　瑜

（二十五）条瓜

种质名称：条瓜。

作物及类型：甜瓜，地方品种。

来源地：天津市宝坻区。

种植历史：30年。

主要特征特性：春播，零散种植。在当地已有几十年栽培历史，很多老人都知道这种资源。目前种植的农户不多，有些喜欢"老口味"的老把式农户仍继续种植。当地农民种植多为自家人食用。种子一代传一代，或邻居互相淘换使用。外形独特，抗虫、抗病性好，耐旱，不耐贫瘠。品质好，口味好。外形独特，可以作为种质资源加以利用。

条瓜

供稿人：天津科润农业科技股份有限公司蔬菜研究所　武云鹏

（二十六）小黄玉米

种质名称：小黄玉米。
作物及类型：玉米，地方品种。
来源地：天津市武清区。
种植历史：5年。
主要特征特性：春播。煮粥较黏，有香味。花药浅黄色，花丝粉色，籽粒黄色。小黄玉米，也叫小黄粘，硬粒型，中抗穗腐病，低抗玉米螟。虽然一支不大，玉米芯很细，但是每一颗玉米粒都金黄饱满，果皮薄嫩。蒸后用叉子刮着吃，就像在吃玉米浆包，浓浓的玉米香，甜度和水果玉米相近；吃完后舌根、舌底不断回甜，玉米香在口中久久不退去。

小黄玉米

供稿人：天津市农业科学院农作物研究所　赵晓雷

二、资源利用篇

（一）猫耳儿豆角的选育及产业化发展

猫耳儿豆角是天津市传统种植的豆角品种。经过天津市农业科学院蔬菜研究所两年的种植观察与选育，目前选出2个代表性品种。

早熟品种：植株前期生长迅速，分枝中等，叶片较大，开白花，始花节位低，从地下4节开始开花，从播种到始花60~65d，70d左右开始采摘嫩豆荚。平均豆荚长12.31cm，平均豆荚宽3.40cm。豆荚翠绿色，肉质较厚，无革质膜，有筋。该品系花枝长，每串花枝结豆荚8~10个，前期产量高。

中熟品种：植株生长势极强，分枝能力突出，极易由于枝蔓生长迅速而造成荫蔽，所以生长盛期需要及时打掉一些多余的枝蔓，保证通风透光，促使植株多产生花絮枝。植株上中部结豆荚，花枝多，从播种到始花大约80d，85~90d开始采摘豆荚。平均豆荚长8.21cm，平均豆荚宽2.57cm。豆荚浅绿色，肉质极厚，无革质膜，荚肉炒食翠绿、鲜嫩。该品系花枝长，结豆荚密，每串花枝结豆荚10~12个，连续结豆荚能力强，产量极高。

猫耳儿豆角的产业化发展从以下两方面入手：一是都市农业观光园区内种植推广。在园区长廊、凉棚等区域种植紫色和紫边绿色豆角。由于其生长速度快，凉棚架很快就会爬满豆角枝叶，紫豆荚和紫边绿豆荚其茎蔓也是紫色或斑驳的紫色，具有观赏价值。而且，豆荚的采摘期长，豆荚颜色新颖，兼具观赏与采摘价值。二是蔬菜生产合作社推广。随着人民生活水平的不断提高，市民对特菜的兴趣越来越高，认知度也在不断加深。该类型豆角品种优势明显，易种植、产量高、风味独特等。与有销售渠道的蔬菜生产合作社合作，推广大面积种植、销售，引导消费市场。

供稿人：天津市农业科学院蔬菜研究所　谷　瑜

（二）老品种津研四号黄瓜的再利用

津研四号黄瓜是20世纪70年代天津科润黄瓜所选育的老品种。它来自津研一号、津研二号黄瓜的姐妹系，1964年从唐山秋瓜×天津棒锤瓜的杂交后代中，经过四代母系选择，又经三代集团选择培育而成。1971—1973年先后在天津市各郊区10多个生产队以及全国各地50多个单位进行生产鉴定和区域性鉴定，均表现耐热，抗病（霜霉、白粉、枯萎）、丰产、早熟等优点，深受各地广大农户的欢迎。该品种为主蔓结瓜，瓜条生长速度较快，一般雌花开花后5～7d即可采收（商品瓜收获）。因此较早熟，春季亩产5 000kg左右，秋季亩产2 500kg左右。

为进一步推动津研黄瓜产业发展，促进农民增收，在北京市农林科学院的协调下，积极利用新媒体网络对津研黄瓜进行广泛宣传。种质资源在百度、蔬菜网、农资招商网、阿里巴巴、京东、淘宝等知名电商网站进行销售，有的网店月销量达1 300多袋，并获得大量好评。

津研四号黄瓜田间长势

供稿人：天津科润农业科技股份有限公司黄瓜研究所　孔维良

（三）沙窝萝卜的开发与利用

沙窝萝卜是天津市著名农特产品，因原产天津市西青区辛口镇小沙窝村而得名，至今已有300多年的栽培历史，1935年开始出口东南亚及香港等国家和地区，又称天津青萝卜、卫青萝卜。随着时代的变迁、耕种制度的改变和消费市场的变化，很多特点已无法满足现代人们的需求。本次提交的青萝卜资源有20余份，遍布西青区、东丽区、津南区、武清区、宝坻区、宁河区、蓟州区7个涉农区的老品种，天津市农业科学院蔬菜研究所紧紧围绕天津这一特色资源，利用这些老品种做亲本，培育出"北斗""七星"等抗病性强，整齐度高，且保留原有特色风味的青萝卜系列品种。

"七星"沙窝萝卜代表性品种

供稿人：天津科润农业科技股份有限公司蔬菜研究所　范伟强

（四）朝研番茄的选育与利用

H173、H178两个番茄自交系，是郭希学老先生于1997—1998年，到各地考察新品种生产示范的过程中，在农户家小菜园里发现的番茄品种。农户反映这两个番茄品种口感特别好、适合鲜食，本村几乎每家每户或多或少都种植一些，留作自己食用。基于他对收集品种资源的爱好，临走时向农民索要几个番茄单果带回分别采种保存，在翌年的种植过程中，他发现有自然变异株，从群体中选出8个表现较好的单株，分别采种进行系统选育。

自交系H178是黄果番茄优质资源，是1997年从辽宁省锦州市北镇市郊区收集的农家品种中选出的优良变异株，经连续6代系统选育而成的自交系。属无限生长类型，生长势强，普通花叶，叶色深绿；果实扁圆形，4～5心室，果表光滑，成熟前嫩果有绿肩，成熟后果实黄色，食味酸甜适口，平均单果重250g，硬度偏低，综合抗性较好。作为储备种质资源保存。

自交系H173是粉果番茄优质资源，是1998年从内蒙古自治区赤峰市松山区收集的农家品种的自然变异株中选出的优良单株，经过连续6代系统选育而成的自交系。属无限生长型，生长势强，普通花叶，叶色深绿；成熟前嫩果有明显绿果肩，成熟后果实粉红色，果实近圆形，果面光滑，色泽艳丽，商品性好，食味酸甜可口，平均单果重260g，硬度较好，综合抗性好。

2004—2008年利用自交系H173相继培育出多个优质番茄品种，其中，朝研粉王品种在连续两年的品种比较试验中表现突出，平均亩产10 200kg，比对照8 675kg，增产17.6%。填补了当时的大果口感好优质番茄品种空白，为农户番茄种植产业发展，提供了可靠技术支持。2012年开始受到硬果番茄和黄化曲叶（TY）病毒的双重冲击，此类大果且口感好的优质番茄渐渐淡出主流市场。

硬果番茄虽然具有抗TY病毒和耐储运优点，但是口感不好、品质差，随着人们生活水平的提高，口感好的优质番茄渐渐回归市场。在保证其优良品质的基础上，目前，通过常规育种和分子标记鉴定相结合的形式，转育抗TY病毒基因，选育工作稳步进行中。针对自交系H173的改良工作有着深远的意义，可以为TY病毒高发的地区提供抗病性强、口感好的优质番茄新品种，满足番茄生产销售市场需求。

黄果和粉果番茄田间照片

供稿人：天津市西青区农业农村委员会　姜　悦

（五）腊稔胡萝卜的可利用性

腊稔胡萝卜具有潜在的重要价值。该新类型腊稔胡萝卜具有"雁脖"、表皮光滑、木质部细小等特点，肉质根的韧皮部、形成层、木质部都为深橘红色，各组织颜色质地之间不明显，而普通腊稔胡萝卜木质部和形成层为黄色，肉质根的各组织颜色质地差别明显。该新类型腊稔胡萝卜还具有顶小、甜、无青头、苗期生长速度快、与杂草的竞争能力强，好存放等特点，在市场上比普通胡萝卜每斤多卖几角钱。该新类型腊稔胡萝卜的下胚轴未膨大，真根部分在土中，不易露肩见光，导致变青头；所谓的"雁脖"部分易于掰断，没有根头，减少了呼吸作用，从而更耐贮。

该新类型腊稔胡萝卜，具有重要的利用价值，主要有以下原因。

（1）根形柱形、细长与市场主导的胡萝卜根形差别明显，让消费者有一种新颖的感觉。另外，胡萝卜根的肉质部分韧皮部、形成层、木质部都为深橘红色，各组织颜色质地不易区分，口感多汁、脆甜，非常适合开发成水果胡萝卜。

（2）该新类型腊稔胡萝卜已在天津及周边地区的中老年消费者心中留下了深刻记忆，他们往往寻而不可得，无处购买，因而具有重要市场开发前景。

由于胡萝卜栽培品种单一化发展，腊稔胡萝卜也处于濒危的境地，开发利用是对该资源最好的保护，具有如此多特点，开发利用是非常有必要的。

新类型腊稔胡萝卜生产需要做到以下四个方面：（1）选取该类型优质的品种；（2）使用高质量的种子；（3）采用精量播种技术；（4）精准灌溉和施肥技术。通过这四个方面，就可获得每亩商品产量8 000斤以上。只要稍加投入就可实现。按现在该新类型腊稔胡萝卜市场价格提高0.2~0.3元/斤来计算，每亩产值就可提高1 600元以上，经济效益非常可观，非常适合沙性土壤地区的乡村推广。

总之，新类型腊稔胡萝卜是非常适合挖掘且用于助力乡村振兴的种质资源。

供稿人：天津市农业科学院现代都市农业研究所　付任胜

三、人物事迹篇

（一）统筹安排　抓好典型　整体推进

——天津市农业农村委员会江应松

按照农业农村部的安排，天津市自2019年开始农作物种质资源普查与收集行动，于2023年基本结束。江应松作为天津市农业农村委种业处的分管负责人，很荣幸全程参与这项工作。这4年，天津市农作物种质资源库建成投入运行、一批种质资源保护单位挂牌运行、收集了一批原生资源，制定了种质资源保护规划，天津市农作物种质资源保护体系日臻完善。这4年，农作物种质资源普查与收集由部级行动升格为农业种质资源普查与收集国家行动，恰逢机构改革与疫情，遇到的困难与问题无数。这4年，农业种质资源普查收集保存鉴定一批种质资源，为育种创新、种质资源学科建设，乃至推进天津市种业振兴作出了重要贡献。

1. 制定方案，逐步完善

按照《第三次全国农作物种质资源普查与收集行动实施方案》（农办种〔2015〕26号）要求，天津市于2019年4月正式启动第三次农作物种质资源普查与收集行动。按照农业农村部的要求，结合学习材料，组织编写《天津市农作物种质资源普查与收集行动实施方案》。随后，江应松亲自到西青区开展实地走访调查、资源收集、报表填报，实操每个环节，了解普查中可能出现的各种问题，探讨研究解决。在取得一定成果和经验的基础上，2020年，天津市再次制定《天津市农作物种质资源普查与收集行动2020年实施方案》，再一次将具体任务布置到各个调查单位。2021年，按照农业农村部的"1+3"要求，天津市再次实施《天津市第三次农作物种质资源普查与收集行动实施方案（2021—2023年）》，方案更加完善，为天津市全面完成农业资源普查工作打下良好基础。

2. 制定规划、建立联席会议制度，整体推进

为保障天津市种质资源保护，按照农业农村部要求，组织有关行业专家起草编制《天津市农业种质资源保护与利用规划（2020—2035年）》，明确了天津市种质资源保

护与利用的近期和远景目标，提出了种质资源收集、性状鉴定、平台建设等方面的具体任务。天津市建立了农业种质资源保护工作联席会议制度，并于2020年召开了首次工作会议，为今后一段时期天津市种质资源保护和利用提供组织保障。

3. 开展培训，循序渐进，保证质量

采用自学培训和专家培训相结合的方式，分三个阶段针对性开展培训工作。第一阶段，小步热身，摸石头过河。江应松参加农业农村部组织的培训后，充分学习各省市先进经验，结合天津市特点自编材料，组织开展初步培训，并开展全流程调查工作。2019年5月和11月两次邀请全国普查办公室有关专家现场培训普查及调查与抢救性收集工作的办法与技巧，现场解答了大家提出的各种问题。第二阶段，大步迈开，全域开展。普查工作开展一段时间后，结合实际普查中发现的问题，组织所有普查征集和系统调查人员参加农业农村部办公厅召开的农业种质资源保护与利用工作视频会，会上对此次普查行动专题讲解，参考先进省份经验，交流农业种质资源保护与利用的做法与成效，为一线人员提供了更多的工作方法和工作思路，为进一步扩大范围收集资源，汲取了实际经验。第三阶段，收官把关培训。在工作任务大部分完成之际，2021年4月28日，针对近年来机构改革人员变动大的问题，再次组织开展农作物种质资源普查工作推动会，按照最新标准布置工作任务，强调普查工作的重要性，强化责任落实，扎实推进各项工作，确保种业翻身仗首战告捷。同年5月31日，在天津市农业科学院召开了天津市农作物种质资源普查与收集工作推动暨培训会。再次邀请中国农业科学院作物科学研究所有关专家为各区业务干部开展授课、指导工作，对两年来天津市在工作中遇到的一些具体问题、难点问题进行交流，为天津市高质量完成这项工作提供技术保障。

4. 加强调度督查，保障按时完成

普查工作，恰逢天津市及各区行政机构改革，还碰上疫情3年，普查工作进度初期确实达不到工作要求。为保障工作按时完成，对照普查方案制定的时间节点，采取各种方式，进行调度督导，发现问题及时解决。一是行政调度。遇到普遍的问题，采用发文的方式，全市督导。二是电话督促。遇到个别问题，直接与区主管领导电话沟通，高效督促，提高效率。三是培训督导相互结合。在问题集中和普查关键时间节点，开展集中培训，在会上面对面及时解决，提高工作效率。对普查行动中涌现的实际问题进行梳理，针对每个单位的具体问题，制定点对点的指导文件，印发完善指导性文件10份。就各区各单位的具体问题，开展面对面指导，点对点服务，做到工作督导到位，技术服务到位。四是印发简报。直接发送至主管部门主管领导。定向发放，督促落实，报告全市进度，间接施压，保障普查工作全面开展，顺利完成。

5. 加强宣传，促进公众参与

为提高公众参与意识，营造良好工作氛围，以拉横幅、走访群众、利用新媒体、全方位资源展示等多种方式开展宣传，吸引和号召更多的群众积极参与到我们的普查行动中。一是结合其他科技推广工作，加强宣传，在科技赶集、执法监督等工作中，进行宣传。二是载物宣传，印制宣传彩页、宣传扇子、宣传T恤等，发放给村民，带动村民参

与积极性。三是在主流媒体、新兴媒体上，进行全方位、多角度系列宣传，编写相关信息。在《天津日报》、天津电视台、市农业农村委网站、"农科简讯"、中国农业科学院网站及其微信公众号等平台发表。四是组织开展优异种质资源田间展示活动。在普查行动收集到的687份种质资源中，选取参选的优异资源在春秋两季进行展示。同时，邀请行业相关专家，评选出蓟百年油栗等10份代表性的地方品种作为天津市十大优异农作物种质资源，在全市宣传展示。

通过这次普查，一是推动了天津市种质资源保护宣传，形成天津市种质资源规范保存体系。从2019年天津市正式启动第三次农作物种质资源普查与收集行动以来，为提高公众对种质资源保护的认识，增强民众对种质资源的保护意识，营造全社会共同参与保护种质资源的良好氛围，扩大种质资源收集与保护工作的宣传力度和影响范围、积极营造全社会共同有效促进全市第三次农作物种质资源普查与收集行动的落实。二是地方品种带动地方产业，种质资源普查与收集助力乡村振兴。这次普查，进一步带动了如沙窝萝卜、科润黄瓜等天津特色蔬菜产业的发展，对当地其他产业结构调整和经济发展都发挥了重要的带动作用。三是促进了珍贵野生资源和濒稀地方品种的保护。第三次农作物种质资源普查与收集行动促进了珍贵的野生资源的保护。四是建立了比较完善的种质资源保护体系，种质资源保护工作达到国内先进水平，与国际基本接轨。天津市农作物种质资源库建立并运行，确定天津市农业科学院蔬菜研究所等10家单位作为天津市农作物种质资源保护单位，为天津市未来种质资源开发利用提供坚实保障。

风云飘转，岁月如梭。参与新中国历史上规模最大的全国农业种质资源普查，是人生一大幸事。回望4年，汗水与喜悦交织，无助与星光相映。沉舟侧畔千帆过，病树前头万木春。随着农作物新品种的推广应用和工业化城镇化推进，古老、传统地方常规品种逐渐消失；另外随着农业投入品（如农药、化肥），特别是除草剂的大量使用，田边地头的野生近缘植物逐渐消失。为了保护这些地方品种和野生资源不流失，需要做到以下三个方面：一是建立常态化的种质资源收集与保护机制，并制定种质资源收集保护奖励机制，激励广大农户、科研单位、种质资源保护单位等持续开展种质资源收集与保护，实现种质资源收集与保护行动的延续。二是完善种质资源共享利用体系，推进种质资源创新利用，提高优异资源利用效率。三是针对战略性的问题开展的技术攻关项目给予政策上的支持，大力推进新种质创新创制和开发利用，加快培育适合乡村产业振兴的突破性品种，以种业兴旺助推乡村产业振兴。

供稿人：天津市农业农村委员会　江应松

（二）脚踏实地，以干为先

——优秀种质资源调查员李素文的故事

我们来分享一个技术专家在农业种质资源普查过程中所付出的点滴故事。她的名字叫李素文，是天津市农业科学院蔬菜研究所研究员、天津科润蔬菜研究所副所长。

自2019年4月起，李素文率先带领团队在天津市及周边区域开展种质资源收集与调查工作。李素文既是此次行动的先头部队一线工作人员，又是静海区种质资源调查组的组长。作为调查员兼组长，李素文做的工作普通却又不简单。说普通，是因为这项工作不需要高超的科学技术支持；说不简单，是因为3年来李素文一直坚持脚踏实地、以干为先，"实"和"干"字贯穿了李素文开展这项工作的始和终。

李素文研究员对种子事业一直有着十分深厚的情感，曾经参与培育、推广了20余个蔬菜新品种。深谙育种工作的李素文深知资源的重要性，种质资源是育种的基本材料，相当于种业发展的"芯片"，有了丰富的种质资源，育种家才能培育出更好的品种，抢救濒危稀有的种质资源更是意义重大。因此接到任务后，李素文怀着极大的热情投入种质资源普查工作中。

建队伍、布任务、提要求，这是工作伊始李素文打响的第一枪。李素文在天津科润蔬菜研究所组建了一支年轻的调查队伍，队员以80后科技人员为主，共计19人。人员自由组队开展下村普查工作。李素文对每位队员提出了硬任务和可考核的实际指标，要求队员高度重视、行动积极、成果丰富。李素文研究员不仅对这项工作进行布局和指导，而且亲力亲为实打实参与到了这项工作中。有3名技术人员跟她组成一队，常年开展种质资源普查工作。

天津市宝坻区是李素文携团队开展种质资源普查的第一站，这也是李素文儿时的故乡，从小生活长大的地方。李素文联系了很多亲戚朋友，无论回到老家或是见到老家来的人，都要详细询问村里老品种、传统资源存在情况。有一次，村里表妹给李素文带了个大冬瓜，作为育种科技人员，李素文看出这个资源跟平常资源不一样，就深入村庄详细追踪了冬瓜的来源，得知竟然是村里从生产队时期就开始种植的一个老品种——西双树大冬瓜！在走村串户的过程中，李素文发现宝坻区很多村民都种着一类眉豆资源，当地人叫猫耳儿豆角，有绿荚和紫荚两种，便收集回去。经过调研李素文认为，猫耳儿豆角是天津市及周边地区农户广泛零散栽培的、抗性强、风味佳的优异资源，具有开发价值，因此建议将此品种上报并参加2019年全国十大优异农作物种质资源评选，并成功入选。在宝坻区新安镇八间房村，李素文经人介绍来到一户老人家，收集"老太爷种白菜"，这是一份年代久远的青麻叶大白菜资源，种在老人家的院子里。为了尽快保存并利用该资源，李素文立即和天津市农业科学院蔬菜所白菜育种专家视频沟通，保存种子的同时，拔下几棵白菜直接运到育种基地进行移栽。类似的事件有很多，一旦有线索，李素文便立刻带人过去收集。几年来，李素文和宝坻区种子管理站紧密联系，双方合作先后跑了10多个乡镇，甄别、收集了60余份种质资源。

作为组长，静海区是李素文负责普查的主要区域。在这里，李素文除了动员种子管理站、种植业服务中心主动参与普查工作，还充分团结农村基层党支部发挥战斗堡垒作用，依靠村党支部了解本村及邻村80岁左右人员情况，把种地"老把式"召集到一起了解老品种信息。2020年10月14日，李素文来到了静海区良王庄乡李家楼村，由村党支部牵头召集8位老人前来座谈，座谈会上获得很多当地资源信息，收集到山药、分葱、茴香、腊稔胡萝卜、小叶香菜等多份资源。在静海区陈官屯镇曹村、吕官屯村，联合村党支部，收集到2份很好的资源，曹村大蒜和当地黄豆。曹村大蒜历史悠久，相传是宝培梨的砧木；木材致密可作各种器物；树皮含鞣质，可提制栲胶并入药。

小杜梨

供稿人：北京市昌平区农业农村局　陈宗玲
　　　　北京市种子管理站　　　　福德平
　　　　北京农业职业学院　　　　韩振芹

（十）胭脂稻

种质名称：胭脂稻。
作物及类型：水稻，地方品种。
来源地：北京市海淀区。
种植历史：1 000年以上。
主要特征特性：一般4月中旬播种，5月下旬插秧，10月中上旬收获。当地主要有两种种植模式：稻田油菜花种植（水稻油菜轮作）和立体种植（稻下养鸭、蟹、鱼）。稻米籽粒饱满、光润透明，做成米饭松软可口，甜香细嫩，尤宜煮粥，汤汁澄澈而米粒不碎，是康熙、乾隆年间流传下来的珍贵历史品种。海淀区种植水稻历史已有千年，20世纪80—90年代种植面积一度达到十余万亩[①]，京西稻稻作技艺也被评为北京市非物质文化遗产，胭脂稻就是京西稻种植的主要品种之一。

---

① 亩为非法定计量单位，1亩≈667m²。下同。

胭脂稻

供稿人：北京市海淀区农业技术综合服务中心　郭　雪
北京市种子管理站　金宝燕
北京农业职业学院　张海娇

（十一）大红苗柳梢谷子

种质名称：大红苗柳梢谷子。
作物及类型：谷子，地方品种。
来源地：北京市门头沟区。
主要特征特性：一般4月中旬播种，9月下旬收获。秆状，不易倒，不生病虫，耐贫瘠。谷穗细长如柳梢，谷米金黄，做小米粥汤色亮且黏稠，口感香滑。抗倒伏，耐贫瘠，抗逆性强，谷穗较长，米质好。

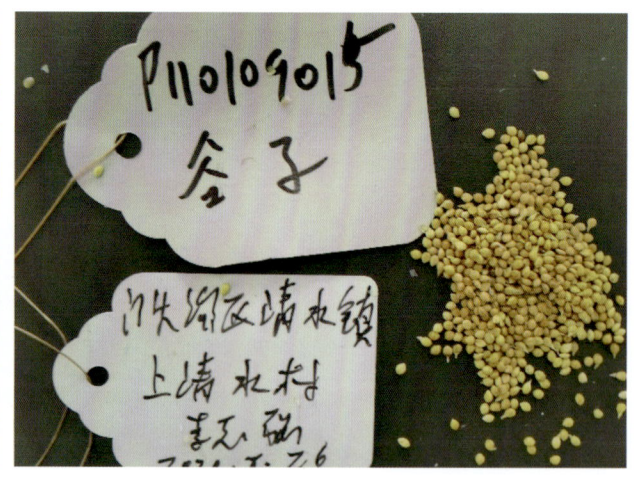

大红苗柳梢谷子

供稿人：北京市门头沟区农业农村综合服务中心　陈少锋
北京市种子管理站　陈立军
北京农业职业学院　王　璐

（十二）老号生菜

种质名称：老号生菜。

作物及类型：生菜，地方品种。

来源地：北京市延庆区。

种植历史：100年以上。

主要特征特性：一年生，一般4月上旬播种，5月上旬收获。不得病，不生蚜虫，无须施肥，散叶大棵，叶片脆嫩，生食没有苦味，熟食也清脆爽口。生长周期短，耐旱能力强，抗病虫，品质好。

 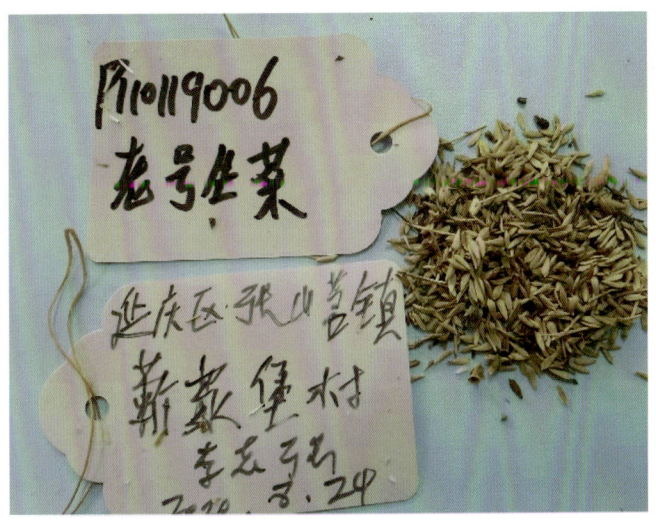

老号生菜

供稿人：北京市延庆区农业综合执法大队　贺景林

北京市种子管理站　窦欣欣

北京农业职业学院　邹原东

（十三）大黄

种质名称：大黄。

作物及类型：番茄，地方品种。

来源地：北京市通州区。

主要特征特性：一般4月中旬播种，7月下旬收获。果实大，颜色漂亮，沙瓤，果皮薄，口感酸甜。生长势强，果实金黄色，单果重200g左右，果皮薄如蝉翼，食用品质佳。

 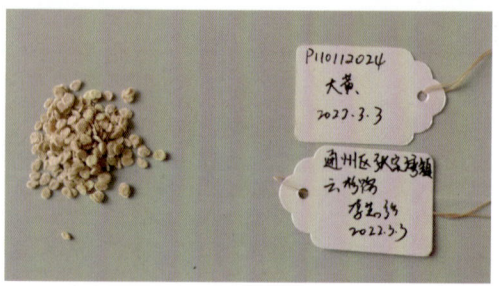

大黄

供稿人：北京市通州区种业技术服务中心　刘建峰
　　　　北京市种子管理站　叶翠玉
　　　　北京农业职业学院　韩振芹

（十四）鞭杆红胡萝卜

种质名称：鞭杆红胡萝卜。
作物及类型：胡萝卜，地方品种。
来源地：北京市海淀区。
主要特征特性：一般9月上旬播种，11月上旬收获。根皮色红色，根形细长，口感好，其栽培适应期广，最适宜秋季露地栽培。胡萝卜风味浓，味甜，肉质脆硬，品质好，胡萝卜素、花青素含量高，是有益于身体健康的保健型老口味蔬菜。生熟食均可，最适宜炒食、炖食、蒸食、腌制及凉拌，烹饪方法得当能体现其营养价值和风味，丰产性好。

鞭杆红胡萝卜

供稿人：北京市海淀区农业技术综合服务中心　贡瑞明
　　　　北京市种子管理站　窦欣欣
　　　　北京农业职业学院　张海娇

坻六瓣红大蒜的起源地。黄豆资源品质非常好，不仅成熟后不自爆且豆粒大而圆、产量高。在静海区西翟庄镇矫家庄村，李素文联系村党支部，同样促成了这样的一个"老把式"交流会，获得了爆粒玉米、鸡腿葱、白高粱等种质资源，座谈会上老人们反馈有一种静海传统"白菜瓜"，很具地方特色，但可惜1963年分生产队以后就绝种了。由此也可窥见一斑，侧面说明种质资源收集的意义所在，民间有很多好资源，再不加以收集和保护就晚了。种质资源普查与收集行动，确实是一件功在当代利在千秋的大事业，这也是李素文对待这项工作始终坚持脚踏实地、以干为先的动力所在。

李素文提出，工作方法要灵活有效，必须通过多渠道收集资源。经过多次收集行动，她总结出了自己的经验：深入地方、依靠地方、团结地方，充分发挥当地种子管理部门、种子经销商、种植合作社等区域优势，多渠道收集资源；利用自己和亲朋好友天津老家农村里的关系和人脉，扩大收集渠道，广泛收集；通过村基层党支部召集本村老人开展座谈，讲述他们儿时的老品种老资源，同时了解现状，深入挖掘资源信息。这些经验之谈讲起来虽简单，却行之有效，是实践过程中积累出来的宝贵经验。

几年来，李素文研究员带领团队开展资源普查行动总行程约16 000km、走访乡镇40个，走访行政村68个，共计收集种质资源200余份。李素文收集到的"猫耳儿豆角"被评为2019年十大优异农作物种质资源，收集到的"老来少豆角""六瓣红大蒜""腊稔胡萝卜""青麻叶大白菜"被评为天津市十大优异农作物种质资源。可以说，李素文在普查行动中开展的工作，完成了从量变到质变的积累，李素文真正把这项工作做细、做实、做成了。

供稿人：天津科润农业科技股份有限公司蔬菜研究所 李素文

（三）种质资源收集与保护，永远在路上

——天津市农业科学院种质资源与生物技术研究所王一衡

自2019年4月起，天津市全面开展第三次农作物种质资源普查与收集行动。首年率先在武清区和宝坻区进行试点收集，天津市农科院组织调查队深入各乡村，历经一年时间，各类种质资源收获满满。后续的整理、归档和提交等工作更是尤为重要。很荣幸，王一衡于2020年5月加入了这个队伍，并在接下来的3年里，一直坚持不懈，圆满完成天津市种质资源普查征集与系统调查的所有工作。

作为种质资源普查与收集行动的一员，王一衡深知普查工作的责任重大。为了尽快掌握种质资源普查行动的技术要点，首先充分学习了有关文件和培训资料，了解到本次普查力度很大，涉及单位众多，不仅要与天津市农业科学院各作物调查人员以及市农委、市农业中心对接，还要与各区农委加强沟通。在种质资源普查表和征集表填报方面，涉及1956年、1981年和2014年三个年份各区域的基础数据和作物种植情况，各区县历史变革巨大，许多基础信息已很难掌握，通过对接各区农委查阅各区县志、档案资料，走访群众，追根溯源，经多方推断和验证，最终完成了10个普查涉农区的统计，形

成34份普查表，累计填写239份征集表，拍摄492张照片，并全部在"农作物种质资源普查与征集数据填报系统"填报。在种质资源系统调查表填写方面，对种质资源调查的信息更加详细和复杂，包括的条目更多，每个人的理解也不同，通过与天津市农业科学院作物所、蔬菜所、黄瓜所、果树所和资环所的普查员频繁沟通和校对，最终完成448份系统调查表，拍摄1 321张高清照片。所有调查数据和图片全部录入"农作物种质资源调查数据填报与汇总系统"。

农作物种质资源普查工作具有较强的专业性和技术性。做好资源普查工作必须尊重科学、尊重规律，全面系统谋划，精准有效推进。本次普查涉及范围广、任务重，在提交至国家种质资源库之前，工作人员对提交上来的资源进行了认真核对审查，以及初步鉴定。严格把关种质资源发芽率、纯度等各项指标，确保提交至国家种质资源库的种质资源质量。例如在果树资源采集过程中，就枝条采集时间、芽的保护等问题，提前与资源提供人联系，交流采集注意事项。对于种子不符合要求或枝条嫁接不成功的资源，重新采集，尽量保证提交资源的合格率；对于珍稀保护资源，更是与多单位协调沟通一起去调查采集，资源不仅要查得清，更要保得住。每一份成功提交至国家种质资源库的资源都需要用心去对待，其承载着大家共同的心血。最终，天津市征集普查和系统调查共计提交了687份种质资源，超额完成国家下达的600份任务。

随着气候、耕作制度和农业经营方式的变化，特别是城镇化、工业化快速发展的影响，天津市大量地方品种急剧减少甚至消失，野生近缘植物资源也因其赖以生存繁衍的栖息地遭受破坏而迅速减少。作为农业科研工作者，切实感受到了种质资源多样性的重要意义。此次普查行动只是一个开始，种质资源收集与保护，我们永远在路上！

供稿人：天津市农业科学院种质资源与生物技术研究所　王一衡

（四）用心收集，发现好资源

——天津科润蔬菜研究所黄亚杰

2019年，黄亚杰接到种质资源普查与收集行动任务，着力收集寻找天津市及周边区域年代久远或独具特色的农家种、常规种、传统资源，尤其濒临灭绝的稀有种质资源。作为科研育种单位员工，日常工作是培育优质、高产、高抗的优良品种并进行广泛推广。因此黄亚杰知道种质资源对育种工作的重要性，有了丰富的种质资源才能培育出更好的品种。接到任务后，黄亚杰和李素文研究员等4人立刻组成调查小组，开始投入"战斗"。

以往熟悉的育种工作，选品种是以市场需求为导向，看产量、看品质、看抗病性、适应性等综合因素。而种质资源普查工作中，黄亚杰要收集的资源和育种中选品种"好"的标准则有差异。种质资源收集工作，侧重的是资源的年代感、稀有感、地方感、独特感，"少的""老的""地方的""特色的"常规种质资源，都是黄亚杰要着重收集的资源。

在天津市宝坻区霍各庄镇白龙港村、新安镇大赵村，收集到了优异资源"猫耳儿豆角"。走在村里，经常看见农户外墙上像爬山虎一样生长旺盛的眉豆，荚色有紫色也有绿色。询问村里人，都说叫猫耳儿豆角，炒菜很好吃，也可以用来腌咸菜。对猫耳儿豆角相关资源进行了收集和保存，也拍了一些照片。后来在多次下村调查中发现，宝坻区、武清区、静海区很多村镇都有农户种植，可以说猫耳儿豆角在天津地区种植得散而广。虽然种植规模不大，但是分布却很广泛，原因在于它所具有的独特风味。猫耳儿豆角资源历史年代悠久，耐贫瘠、生长势强、抗性强、风味独特，未来育种推广前景较好，应该加以保存利用。2019年，猫耳儿豆角参评全国十大优异农作物种质资源并中选。

在天津市宝坻区林亭口镇泥窝村，调查队3人来到82岁的种植户张少维家。一进院，就看到用草席盖着、码放整齐的排排大蒜。老人家已经种植六瓣红大蒜几十年了，每年都自己留蒜种，靠卖农产品自给自足支撑了他和老伴的生活。聊起六瓣红大蒜，张少维老人赞不绝口，他说这个资源是宝坻区的一大特色，它的特点是蒜皮红、均匀、蒜瓣洁白、水分足，每个蒜头多为六瓣，蒜味特别浓郁、纯正，可以说辛辣醇香很好吃。他和老伴每年都会种植大蒜，靠卖大蒜有很好的收入。通过聊天得知六瓣红大蒜主要分布在大钟庄、林亭口、王卜庄等乡镇，目前已经是宝坻区地理性标志产品。除了院子里储藏的大蒜，农户西面侧屋里也都挂满了编好辫的六瓣红，正在阴干晾晒。调查队几个人有和农户聊天的，有记录的，也有拍照的。因为该农户的六瓣红大蒜确实好，之前苗期也来拍照观察过，农户收获的大蒜商品性也较一致，因此，调查队收集了张少维老人家的这份资源。

在天津市宝坻区大口屯镇庞家湾村，收集到"老来少豆角"。种植户张九霞63岁了，看到调查队来了她很高兴，兴致勃勃地介绍起来。她说，她每年都自己留种种植老来少豆角，这种豆角在当地种植得很普遍，好吃又容易种。为什么叫老来少呢？原因是它成熟后，看起来老吃着却很嫩。嫩荚是淡绿色的，成熟以后豆荚颜色逐渐变为白色。吃着又嫩，肉又厚，炒菜炖菜都可以。老来少豆角是天津地区广泛栽培的传统菜豆资源，该农户的这份资源种植年代久远，商品性比较一致，因此，调查队果断将这份资源进行了收集和保存。

在天津市蓟州区官庄镇塔院村，调查队收集到传统青麻叶大白菜和蓟州大磨盘南瓜。来到该村76岁的湛贵英老人家，发现老人家日子经营得很细致，前院种着大白菜和南瓜，后院养殖着鸡鸭鹅和几头猪。老人和80岁的老伴一直过着自给自足的生活，据她描述，每年都自己留种种植青麻叶大白菜和磨盘南瓜。白菜的长势非常好，南瓜个儿很大。老人告诉我们，一方面是种子好，她们自己留种，选健壮的留种；另一方面她们施用的都是农家肥，家里的动物粪便都被她们用来发酵成沼气，发酵好的肥料再施到地里，肥水好蔬菜自然长得好。调查队队员们不禁感叹，这个时代用如此古法种植养殖的人真的太少了。收集了上述2份资源，并将种质资源普查印制的专用T恤赠送给了老两口，两位老人热情地和调查队讲述了他们的无公害种植养殖理念，并和调查队拍照留念。

在天津市宝坻区新安镇八间房村，调查队也收集到了一份很好的青麻叶大白菜资源，"老太爷种白菜"。种植户同样是一位老人，听说调查队过去，老大娘提前在家门口等。一进院，就看见种植的绿油油的大白菜。老人说，种植青麻叶大白菜是当地人的传统，各家各户都会种点，这种白菜做菜好吃、包饺子更好吃。她从生产队时期就开始种这个白菜了，一直自己留种、选种，所以她给这个资源起名字叫"老太爷种白菜"。由于当时的几位队员没有搞大白菜育种的，因此，看到资源以后调查队给天津科润蔬菜所白菜育种团队的专家发视频，共同鉴定这份资源。从长势、株型、年代上来看，这确实是一份好资源。于是，调查队现场拔了几棵白菜，开车送至天津市农业科学院蔬菜所白菜育种基地，进行移栽。后续由白菜育种团队对该份资源进行了栽培、调查及扩繁。

在天津市静海区良王庄乡李家楼村，调查队联合静海种植业服务中心、李家楼村党支部，共同组织了一场种地"老把式"座谈会，约了本村80岁左右的老人来集体座谈，了解老品种情况。村党支部书记刘强介绍，由于村里土质好，山药是李家楼村的特色农产品，种植腊稔胡萝卜的农户也比较多。本村几位老人家种植的腊稔胡萝卜，也是多年自留种的优质常规种资源，红芯、芯细、不糠，特征是头部有一段细细的稔儿，产量较低，不如商品种，但是胜在口感，又脆又甜，因此，一直有农户种植。当地人一般进伏种，下霜收。通过后续调研得知，腊稔胡萝卜分布于天津市静海区、蓟州区、宝坻区等多地。经过农户多年的自繁自种，形成了丰富的遗传变异类型。调查队走访了蓟州区兴武镇、南赵庄村、别山镇、桑梓镇等地，从蓟州区收集到当地3种类型腊稔胡萝卜。在静海良王庄乡、唐官屯镇等地也发现了腊稔胡萝卜资源，也是多年自留种的优质常规种资源。

通过几年的工作积累，调查队走了很多村镇、寻访了很多人家、收集了不少资源，其中"猫耳儿豆角"被评为2019年十大优异农作物种质资源，"老来少豆角""六瓣红大蒜""腊稔胡萝卜""青麻叶大白菜"被评为天津市十大优异农作物种质资源。调查经验表明，资源收集的过程，就是一个用心积累的过程，只有通过不断地问询、走访、调研，多走、多看、多问，才能将一个一个的好资源挖掘出来。

供稿人：天津科润农业科技股份有限公司蔬菜研究所　黄亚杰

（五）丝瓜资源收集记事

——天津科润黄瓜研究所邓强

丝瓜在我国有悠久的栽培历史，原产于印度，元代传入中国。中国南、北各地普遍栽培。丝瓜除了果实可作为蔬菜食用，成熟时里面的网状纤维称丝瓜络，可代替海绵用作洗刷灶具及家具；还可供药用，有清凉、利尿、活血、通经、解毒之效。

丝瓜在植物学上分为两个栽培种，普通丝瓜和有棱丝瓜。今天主要介绍一下收集的一个比较特殊类型的丝瓜资源，长条普通丝瓜。顾名思义，长条就是这个资源比一般丝瓜都要长，可以长到1.2m以上，有的可以达到1.5m，比幼儿园的小朋友都要高。说起这个品种的收集还是费了很大的心血的。

2019年接到收集丝瓜种质资源的任务后，邓强就在天津的各个郊县走访调查。通过实地查看、电话联系、微信朋友圈等各种通信方式宣传资源收集工作。也得到了广大农户的积极响应,很快收集到了各种类型的丝瓜资源。但是天津地区丝瓜大多数是农户自己留种或跟亲戚朋友要种子种植,这样也造成了好多资源的雷同。在宁河区调查走访农户了解到一个信息,当地有农户几年前种植过一个特别长的丝瓜,据说能长到半人高。但是由于长得太长了,这两年都没有农户种植了。得到这个信息,邓强马不停蹄地跟农户到种植过长丝瓜的农户家去了解情况。可是农户家大门紧锁,等了一会儿也没见到人影,于是来到村委会跟村干部说明了情况,原来这户农民去苏州帮助儿子带孩子去了。眼看着到手的特异种质资源就是拿不到,等着农户回来可能就会错过播种的最佳时期。当时也没有想到更好的办法只能等农户回来才能拿到种子,其间又去了几趟也没见到农户,电话联系了几次也没确定回老家的时间。在第5次打电话沟通,想再确认一下时,老人突然想起来两年前去他表弟家串门时,看见过这么长的丝瓜,要了点种子回去。于是,就抓紧跟农户表弟联系,看看是否还有这种丝瓜种子。当确定还留着种子时,邓强的心情十分激动。马上驱车来到农户表弟家,终于在柜子的角落里找到了保存完好的长条丝瓜种子。当拿到十几粒种子的时候,回想起这段时间的努力一切都值得。由于种子保存时间过长,发芽率不是很好。邓强采用催芽育苗,小心地把种子播到育苗盘的时候,期待着小小的种子马上开花结果。通过邓强的精心种植,最终收获了几十条丝瓜,看着一粒粒种子被收集保存,邓强也完成了丝瓜资源的收集工作。

这次收集的宁河抗寒丝瓜资源,植株长势强,结瓜多,易种植。由于瓜条长,有独特的优势,可以在品种特性开发上多做研究,发挥资源的优势。

"一粒种子改变世界",充分说明了种子的重要性。随着自然生态环境的破坏、人类活动的影响,以及新品种或杂交种的推广,使得很多老品种,特别是古老的地方品种逐渐被淘汰。一旦气候条件发生变化,或者出现新的病害,就会造成毁灭性的损失。植物种质流失的严重后果已逐渐被人们所认识。

墙上丝瓜

长条丝瓜

供稿人:天津科润农业科技股份有限公司黄瓜研究所　邓　强

（六）我与种质资源

——天津市农业科学院农业资源与环境研究所张新建

也许是因为出生在农村，从小就接触各种农作物和其他植物，对大自然的各种生命充满了好奇与兴趣。在北京林业大学读书期间，曾跟随自然保护区学院一个博士生到北京市的怀柔区和密云区等山区调研一种野生兰花的分布，具体什么兰花，都记不清了；但很清楚地记得当地有一种很神奇的植物——独根草，这种草一般都长在悬崖峭壁阴面的石缝中，在悬崖峭壁的底部和其他地势平坦的土地上却看不到它的身影，大自然造物的神奇，深深地撞击着我的脑海。

在读研究生期间，我学习的专业是生态学，野外工作的地点位于长白山原始林区。原始林中有大到2~3人合抱的大树，小到枯木上3mm高的苔藓，处处是生命与生机，使我在大自然中流连忘返。有一个夏天，一个外国的考察团到长白山进行野外科考，长白山定位站负责部分的接待工作，在陪考察团进原始林之前，负责人特意叮嘱了一件事情，那就是不让考察团的人员带走长白山的一粒种子、一个叶片，那个负责人的话可能有些夸大其词，但是他对种质资源的保护的意识却深深地印在了我的脑海。

2019年正式加入了第三次全国农业种质资源普查的队伍当中，对种质资源收集的方法和要求，接受了系统的培训，为开展种质资源的收集工作打下了良好的基础。

绿肥，作为一个传统的农业资源，在20世纪随着化学肥料的使用，渐渐地退出了人们的视野。收集绿肥的种质资源相对困难，在接受任务后，首先在武清区开展工作，走访了城关镇、黄花店镇、王庆坨镇等多个乡镇，被走访人员对绿肥的概念完全不知，当说到具体的作物名字时，也知之甚少。由于农民现在普遍以追求经济价值为主，忽略了对土壤和种质资源的保护，对绿肥资源不重视不了解，从农户手中收集不到绿肥资源。所以，在后面的工作中，将主要精力都放到了收集野生的绿肥种质资源上面，但是，由于开展收集资源的武清区和宝坻区两个区县以农业生产为主，土地开发利用比较充分，加上除草剂的使用对生物多样性造成了很大的破坏，在田间地头和沟边仅能看见荸草、芦苇、柽麻等杂草，很难发现有价值的资源。根据实际调研的情况，改变收集资源的方向，从村民和田间地头转向了相对人为影响较少的坑塘和河流岸边，终于找到了有价值的资源。

绿肥种质资源收集，特别是野生资源的收集，不可强求，可以有针对性地对部分区域进行收集，但是有付出，不一定能得到回报；有时候资源会在不经意间被发现。比如，在静海区一次项目验收现场，由于目标地块离主路较远，团队成员步行前往，大家一般都是昂首往前走，可能是由于资源普查的潜意识，我默默地低头留意路旁的杂草，走着走着就看到了一个羽状复叶的植物，顿时引起了我的注意，后来通过植物识别软件才知道这个植物叫作米口袋，是一种豆科多年生草本植物，主要分布在草地、山坡或者路旁，羽状复叶，株高约10cm，花期4—5月，果期5—6月，全草可入药，也可以作为绿肥用作果园覆盖。我意识到这个可以作为绿肥在果园作为覆盖作物比较合适，但由于发现该植物时正值盛花期，果实成熟期不确定，资料上查到的也是一个很宽泛的区间，后来多次往返该地，才确定了种子成熟期。由于米口袋的荚果成熟后会直接炸开，种子又比较小，最终才收集到大约10g种子，收集特别困难。另外还有一种植物草木樨，也是在一次盐碱地的考察中，意外发现的，该品种在发现地长势良好，叶片较大，耐寒、耐旱、耐盐碱，是一种比较优良的绿肥资源。

经过绿肥收集团队两年的努力付出，终于不辱使命，收集到了草木樨、野大豆、米口袋、多年自生绿豆、白花甘草、红蓼、田菁等14种种质资源，并上交了国家种质资源库，顺利完成普查任务。

米口袋花期　　　　　　米口袋果期　　　　　　　米口袋种子

供稿人：天津市农业科学院农业资源与环境研究所　张新建

四、经验总结篇

（一）普查行动培养了一支种质资源研究队伍

为保障种质资源收集保护工作的延续和种质资源高效利用，规划建设了天津市农作物种质资源库，并打造了一支种质资源研究队伍。

1. 天津市农作物种质资源库建设

为保障种质资源普查行动后续保存工作，天津市在行动开启之际，积极规划建设天津市农作物种质资源库，天津市发展和改革委员会于2019年8月批复立项；2020年7月批复可行性研究报告；2021年5月完成项目的初设和投资评审工作，11月底取得建筑工程施工许可证，12月开工建设；2022年8月种质资源库主体结构竣工验收，10月正式投入运行。

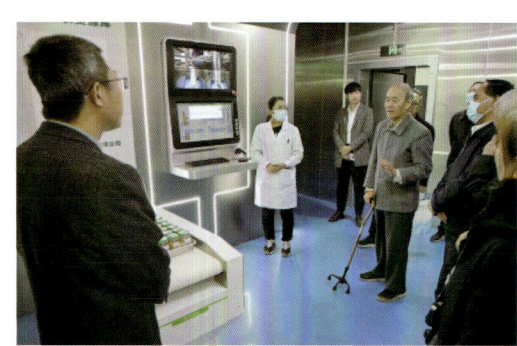

天津市农作物种质资源库

天津市农作物种质资源库建筑面积1 972m²，地上两层钢框架结构，其中，包含农作物种质资源保存库1 270m²，精准鉴评公共平台296m²，种质信息共享平台57m²，配套用房349m²。种质资源贮存能力可达40万份。目前，种质资源库配备2个长期库、2个中期库、3个中期可调库和1个自动化库，均已投入运行。同时，已开发一套种质资源管理系统，可用于种质资源的信息化管理，实种质资源的动态出入库管理与预警提醒、远程查询检索，为资源的妥善保管提供有力保障。截至2023年5月，已完成入库种质资源5万份，包括26科77属112种农作物种质资源。种质资源库的建成可满足天津市未来50年农作物种质资源保存的战略需求，为现代种业发展提供基础条件与技术支撑。

供稿人：天津市农业科学院种质资源与生物技术研究所　兰青阔　王　璐

2. 种质资源研究队伍建设

在3年的普查与收集行动中，打造了种质资源收集与保护的工作队伍，锻炼并培养了一批专业人才，摸清了天津市农作物种质资源现状，为今后开展种质资源工作奠定了坚实基础。

为高效利用种质资源，推动产业发展，依托天津市农作物种质资源库建设了一支种质资源研究队伍。

紧紧围绕都市现代农业发展需求，开展前沿基础性研究及应用基础性研究，解决从种质资源收集保存、鉴定评价、优异性状基因发掘、遗传机理解析、生物安全评价到种质创新利用的整套生物育种技术体系问题，在生物安全评价研究和农业基因组学领域处于国内先进水平。

（1）种质资源评价与创制研究方向：围绕农业生产与产业化对优异种质资源的迫切需求，重点开展特色农作物优异种质资源的收集、鉴定评价，重要性状新基因发掘和优异新种质的创新利用研究，攻克并建设高通量、规模化表型及基因型鉴定平台。

（2）农业基因组学研究方向：整合分子生物学、遗传学、计算机科学等相关技术，以特色生物学资源为研究对象，开展功能基因组学、比较基因组学、群体遗传学等基础性研究工作，重点突破优异种质形成与演化规律、重要性状协同调控机理、代谢调控网络与合成机制。

（3）作物基因编辑研究方向：围绕攻克种源"卡脖子"技术需求，以种业关键技术原始创新为目标，重点开展高效遗传转化体系、特异性或广适性高效基因编辑技术等生物育种关键技术研究。

（4）生物安全评价研究方向：围绕农业生物育种产业需求，基于基因组学、代谢组学、模式生物毒理、环境行为影响等开展生物安全评价研究，解决农作物生物育种产业风险评估、知识产权问题。

通过团队协作，开展农作物种质资源收集工作，做到应收尽收、应保尽保；开展农作物种质资源的扩繁更新、精准鉴定、重要农艺性状基因挖掘与开发利用，建立农作物种质资源信息和资源共享平台；建立物理诱变、化学诱变、转基因、基因编辑等种质创制技术体系，开展农作物种质资源安全保护、检测监测、鉴定评价技术标准化研究，建立农作物种质资源保护利用技术体系，从种源保护、基础研究、"卡脖子"技术攻关方面为天津市种业振兴提供新赋能，为中国饭碗装上更多更好的天津粮、天津菜贡献力量。

供稿人：天津市农业科学院种质资源与生物技术研究所　王　永

（二）设立农作物种质资源保护单位

按照《农业农村部关于落实农业种质资源保护主体责任开展农业种质资源登记工作的通知》（农种发〔2020〕2号）要求，天津市制定印发了《关于开展农业种质资源登记工作的通知》，对天津市种质资源保护单位确定、登记、融入全国种质资源数据大平台、种质资源共享利用等进行系统指导。天津市农业农村委组织召开了第一批市级农业种质资源保护单位确定工作专家评审会，确定天津市农业科学院蔬菜研究所等10家单位作为天津市农作物种质资源保护单位，为天津市未来种质资源开发利用提供坚实保障。

天津市第一批市级农作物种质资源保护单位名单

序号	依托单位	种质资源保护单位
1	天津市农业科学院蔬菜研究所	天津市蔬菜种质资源库
2	天津市农业科学院林业果树研究所	天津市果树种质资源圃
3	天津市农业科学院农作物研究所	天津市水稻小麦玉米种质资源库
4	天津市绿丰园艺新技术开发有限公司	天津市绿丰黄瓜种质资源库
5	天津市农业科学院黄瓜研究所	天津市黄瓜种质资源库
6	天津德瑞特种业有限公司	天津市德瑞特黄瓜甜瓜种质资源库
7	天津惠尔稼种业科技有限公司	天津市惠尔稼花椰菜青花菜种质资源库
8	天津中天大地科技有限公司	天津市中天大地玉米种质资源库
9	天津市耕耘种业股份有限公司	天津市耕耘种业蔬菜种质资源库
10	天津市优质农产品开发示范中心	天津市水稻种质资源库

供稿人：天津市农业农村委员会　刘　军　杨爱宾
天津市农业科学院种质资源与生物技术研究所
王璐　负责天津篇全部材料的审核与修正

农家黑豆

供稿人：河北省农林科学院棉花研究所　崔淑芳

（九）莛子麦

种质名称：莛子麦。
作物及类型：小麦，地方品种。
来源地：河北省邯郸市大名县。
种植历史：100年以上。
主要特征特性：部分区域种植，9月播种，翌年6月收获。春天不用浇水。麦穗以下麦莛比较长，麦穗下的第一节茎秆作编织材料，二三节作配料。主要编制草帽、提篮、提袋、茶垫、坐垫、地席、门帘果盒、纸篓、拖鞋等，老少都会。现在有时装、京剧脸谱、屏风、国画、成语故事、麦秆画等几千个品种。作为编织工艺品的原材料，属于特异种质品种。现以草编工艺为主的公司已达30余家，类型不仅国内市场热销，而且热销马来西亚、新加坡等国家，近万名农村妇女从事草编工艺，年增收15 000～25 000元。2008年入选第二批国家级非物质文化遗产名录。采取"非遗工坊+基地+农户"一条龙式家庭分散型传承生产的运营模式，草编产业成了一张亮丽的名片。

莛子麦

供稿人：河北省农林科学院经济作物研究所　高秀瑞

（十）龙兴贡米

种质名称：龙兴贡米。
作物及类型：谷子，地方品种。
来源地：河北省石家庄市行唐县。
种植历史：300年以上。
主要特征特性：当地主要是丘陵地带，这里有富含有机质的红土壤，使种植谷子具备了得天独厚的自然条件。在种植过程中，农民保持历史上的耕作方式，不施化肥，不喷农药，旱涝靠天，自然生长。龙兴贡米，煮粥，香味扑鼻，甜香可口，色味俱佳。龙兴贡米产自河北省龙兴庄村，因有优渥的自然环境，传统绿色的耕作方式闻名，为河北省一大特产。清康熙帝亲封而得名。

龙兴贡米

供稿人：河北省农林科学院粮油作物研究所　耿立格

（十一）毛毛亮谷子

种质名称：毛毛亮谷子。
作物名称及类型：谷子，地方品种。

主要特征特性： 田埂地边、路边少量种植。老品种，红茎，红穗，红粒。庆典用，在结婚拜高堂时，高粱种子放在"升"里面，插上香放在方桌上，有"喜庆、日子红红火火、高高向上、多子多孙"的意思，当地结婚庆典时一直在用。地方老品种，特色明显，寓意好，应用时间长。

红高粱

供稿人：河北省农林科学院棉花研究所　崔淑芳

（八）农家黑豆

种质名称： 农家黑豆。
作物及类型： 大豆，地方品种。
来源地： 河北省邢台市南宫市。
种植历史： 30年以上。
主要特征特性： 房前屋后和庭院角落零散地块种植，4月播种、11月收获。可以做腌黑豆咸菜，或打豆浆，好吃可口，香味浓，已种植30多年。秆壮，分枝多，爬蔓儿，熟得晚，管理省事，豆粒很大，一棵就能收一斤多。地方老品种，抗旱、抗病、耐涝，产量高，好吃，只有一家少量种植。希望能利用该资源培育出高产、抗病、品质好的大豆新品种。

（六）金勾黄韭

种质名称：金勾黄韭。
作物及类型：韭菜，地方品种。
来源地：河北省衡水市深州市。
种植历史：35年以上。
主要特征特性：春天大田种植金勾养根，11月下旬捋根、打捆、铺入老窖，老窖温度保持10℃左右。腊月廿五左右开始收获。金勾种了30多年了，特别适合做黄韭，能割2~3茬，香味浓，老百姓走亲串友都喜欢带一盒，家家户户大年三十、正月初一吃饺子都用它做馅。金勾是当地生产黄韭的主要品种，深州市把黄韭作为"一村一品"重要特色产业，2019年获得地理标志商标，现通过"合作社+电商平台"模式销售，远销京津冀及周边省份，带动了当地脱贫致富。目前，深州市东安庄乡、穆村乡、深州镇3个乡镇6个村庄种植深州黄韭面积已达7 200亩，黄韭盆景每年销售26 000盆，深州黄韭年产值已达5 000多万元。

金勾黄韭

供稿人：河北省农林科学院棉花研究所　崔淑芳

（七）红高粱

种质名称：红高粱。
作物及类型：高粱，地方品种。
来源地：河北省邢台市南宫市。
种植历史：60年以上。

大马牙高棵老玉米

供稿人：河北省农林科学院旱作农业研究所　李　强

（五）笤帚高粱

种质名称：笤帚高粱。
作物及类型：高粱，地方品种。
来源地：河北省衡水市深州市。
种植历史：35年以上。
主要特征特性：主要种植于田埂上。老品种，耐旱，好管理，专门做笤帚，笤帚好用也耐用。地方老品种，是农村做笤帚用的非常好的资源，是当地农民增加收入的一项产业。

笤帚高粱

供稿人：河北省农林科学院旱作农业研究所　李　强

前景；可以作为架豆新品种选育的一种特殊种质资源。

紫粒架豆

供稿人：河北省农林科学院粮油作物研究所　安洪周
　　　　张家口市崇礼区农业农村局　李中华

（四）大马牙高棵老玉米

种质名称：大马牙高棵老玉米。
作物及类型：玉米，地方品种。
来源地：河北省衡水市深州市。
种植历史：40年以上。
主要特征特性：平地直播，或田埂种植，密度、管理等同常规玉米。老辈儿留下的老玉米，秆高3m以上，秆高还不倒，结棒挺高，收得晚，煮老玉米和玉米面粥都有香味，自家食用为主，每年种植4~5亩，经常有外村人购买，卖得越来越好。传统老玉米，穗较大，农民喜欢食用这种传统且不抗虫玉米，健康环保，亦可丰富玉米种质资源。

黑龙江省哈尔滨市五常市稻田区美丽乡村

黑龙江省齐齐哈尔市甘南县兴十四镇兴十四村

黑龙江省牡丹江市宁安市渤海镇小朱家村

黑龙江省绥化市肇东市五站镇东安村

（二）三白西瓜

种质名称：三白西瓜。
作物及类型：西瓜，地方品种。
来源地：河北省邢台市威县。
种植历史：300年以上。
主要特征特性：育苗移栽，露地地膜覆盖。三白西瓜作为威县当地农家品种，传说是王母娘娘留下的种子，种植历史久远，明代曾作为贡品。威县三白西瓜，其皮、瓤、籽皆为白色，外观白中泛绿呈椭圆形。皮厚耐运输，储藏期长，常温可存储3～6个月，口感砂爽，汁液丰富，带有玫瑰蜂蜜幽香，吃了三白瓜就不想吃别的西瓜了，有宽肠胃、止泻痢等保健效用。古老农家品种，种植历史悠久，该品种皮厚，储存时间极长，是威县地理标志产品。三白西瓜种植已经形成了河北省地方标准《三白西瓜生产技术规程》（DB13/T 2441—2017）。三白西瓜种植收入稳定，在本地形成了特色种植产业。

三白西瓜

供稿人：威县农业农村局　陈琳琳、张宗桓

（三）紫粒架豆

种质名称：紫粒架豆。
作物及类型：菜豆，地方品种。
来源地：河北省张家口市崇礼区。
种植历史：50年以上。
主要特征特性：农家菜园地头种植，支架攀缘生长。从种到收100多天，高2～3m，桃形叶，开鲜艳的红花，很漂亮，豆粒颜色为紫黑花色，豆荚长10cm左右，豆粒煮熟后软绵，做豆沙馅又甜又糯，嫩豆荚可以做凉拌菜。该资源只有本村一家老奶奶自繁自种，品质优良，特征明显，属于优异资源；花色鲜艳，观赏性强，具有重要开发

一、优异资源篇

（一）黑软谷

种质名称： 黑软谷。
作物及类型： 谷子，地方品种。
来源地： 河北省张家口市赤城县。
种植历史： 100年以上。
主要特征特性： 在冷凉地区黄土地种植，5月上旬播种，9月中旬收获。谷粒青灰色，生育期95d左右，耐旱、不怕冻、不生虫、不生病，亩产250kg左右，去皮磨面做成食品后颜色略深。属稀有品种，是农户自留种，只有5户种植，大约5亩，籽粒青灰色，保留了传统食物自有的特色。

黑软谷

供稿人：赤城县种子管理站　王世国

河北卷